物流信息化系列丛书

物联网技术应用开发

李俊韬 林 钢 刘丙午 编著

机械工业出版社

本书分为三部分。第一部分为基础篇，为全书的理论基础，包括物联网技术概述、物联网的支撑技术、软件开发基础、数据库基础以及Web Services与SOA。第二部分为技术原理篇，分别从理论与开发实践两个方面对物联网的相关技术进行介绍，为全书的核心篇，起到了承上启下的作用，既作为基础篇的理论知识扩展，又作为应用开发篇的技术基础，包括串口通信技术、网络通信技术、条码技术、RFID技术、GPS技术、GIS技术、无线传感器网络以及GSM/GPRS技术。第三部分为应用开发篇，从具体应用角度出发，以物联网技术典型系统应用为例，实现了基于REST架构的RFID中间件、基于超高频RFID的智能超市系统、基于GIS/GPS/GPRS技术的运输监控系统的开发。

本书结构完整，充分体现了理论基础与开发实践相结合，具有丰富的开发实践案例，深入浅出，通俗易懂。

本书可作为高等院校物流工程、物联网、信息管理与信息系统、计算机应用等相关专业的必修课或选修课教材，也可作为物联网、物流、计算机等相关行业各级管理人员、技术人员的参考用书。

图书在版编目（CIP）数据

物联网技术应用开发/李俊韬，林钢，刘丙午编著．—北京：机械工业出版社，2014.12
（2015.8重印）
（物流信息化系列丛书）
ISBN 978-7-111-48712-8

Ⅰ. ①物… Ⅱ. ①李… ②林… ③刘… Ⅲ. ①互联网络—应用 ②智能技术—应用 Ⅳ. ①TP393.4 ②TP18

中国版本图书馆 CIP 数据核字（2014）第 280023 号

机械工业出版社（北京市百万庄大街22号　邮政编码100037）
策划编辑：宋　华　　　责任编辑：聂志磊
责任校对：郝　红　　　封面设计：鞠　杨
责任印制：李　洋
北京振兴源印务有限公司印刷
2015年8月第1版第2次印刷
184mm×260mm · 14.25印张 · 340千字
标准书号：ISBN 978-7-111-48712-8
定价：32.00元

凡购本书，如有缺页、倒页、脱页，由本社发行部调换
电话服务　　　　　　　　　网络服务
社服务中心：（010）88361066　教材网：http://www.cmpedu.com
销售一部：（010）68326294　机工官网：http://www.cmpbook.com
销售二部：（010）88379649　机工官博：http://weibo.com/cmp1952
读者购书热线：（010）88379203　封面无防伪标均为盗版

前　言

距物联网概念的首次提出已有十余年时间，作为世界信息产业第三次浪潮的代表，物联网在世界范围内受到的关注与日俱增，是各国近些年产业政策支持和投入的重点。在我国，自温总理提出"感知中国"以来，物联网被正式列为国家五大新兴战略性产业之一，写入《政府工作报告》，并多次出台相关产业扶持政策来促进中国物联网产业发展。

近年来，为适应国家战略性新兴产业发展的需要，许多高校利用已有的研究基础和教学条件，设置物联网工程技术相关专业，以满足新兴产业发展对物联网技术人才的迫切需求。然而，物联网作为一个新兴领域，具有学科综合性强、涉及面广、产业链长等特点，由于发展时间短，导致物联网的教学体系不完善，存在着重理论、轻实践的现象。本书的编写就是在充分考虑物联网技术教学的实际情况基础上，以物联网技术应用开发实践为主，结合相关理论，全面系统地介绍物联网技术及其相关的开发应用，便于读者对物联网技术有更直观的认识和体会。

本书得到了北京市教育委员会科技发展计划重点项目——基于物联网技术的智能物流系统研究、北京市属高等学校人才强教深化计划资助项目（项目编号：PHR201108306）、智能物流系统北京市重点实验室建设项目、北京市属高等学校创新团队建设与教师职业发展计划项目（项目编号：IDHT20130517）等项目资助，在此表示感谢。

本书由李俊韬副教授主持编写。第1~第7章、第11章由李俊韬副教授编写，第8~第10章、第12章由林钢编写，第13~第16章由刘丙午教授编写。在本书的编写过程中，赵光、张汉斌、王绍辉、杨继美、张立鑫等给予了帮助，在此表示深深的感谢！

欢迎读者加入物流信息实训群（QQ群：276962432）进行交流。

由于编者水平有限，书中难免存在错误之处，恳请读者不吝指教。

编　者

目 录

前言

第一部分 基 础 篇

第1章 物联网技术概述 ... 2
- 1.1 物联网的定义 ... 2
- 1.2 物联网技术的起源与发展 ... 3
- 1.3 物联网的体系架构 ... 4
- 1.4 物联网技术的应用领域 ... 5

第2章 物联网的支撑技术 ... 12
- 2.1 自动识别技术 ... 12
- 2.2 空间信息技术 ... 13
- 2.3 传感器技术 ... 14
- 2.4 无线通信网络技术 ... 15
  - 2.4.1 蓝牙技术 ... 15
  - 2.4.2 ZigBee 技术 ... 17
  - 2.4.3 Wi-Fi 技术 ... 19
  - 2.4.4 超宽带技术 ... 20
  - 2.4.5 无线网络技术 ... 21
- 2.5 人工智能技术 ... 21
  - 2.5.1 人工智能概述 ... 21
  - 2.5.2 物联网的智能化模型 ... 21
  - 2.5.3 物联网中的人工智能技术 ... 22
- 2.6 云计算技术 ... 23
  - 2.6.1 云计算的概念和原理 ... 23
  - 2.6.2 云计算的特点 ... 24
  - 2.6.3 云计算的关键技术 ... 24
  - 2.6.4 云计算与物联网的关系 ... 25
  - 2.6.5 物联网与云计算结合 ... 25

第3章 软件开发基础 ... 27
- 3.1 C#开发语言 ... 27
- 3.2 PHP 开发语言 ... 30

第4章 数据库基础 ... 32
- 4.1 数据库概述 ... 32
  - 4.1.1 数据库的相关概念 ... 32
  - 4.1.2 数据库模型 ... 33
  - 4.1.3 SQL 语言基础 ... 33

4.2 典型数据库介绍 34
4.2.1 SQL Server 2008 数据库 34
4.2.2 MySQL 数据库 35

第5章 Web Services 与 SOA 37
5.1 SOA 37
5.1.1 SOA 的体系结构 37
5.1.2 SOA 三大基本特征 38
5.1.3 SOA 的原则 39
5.2 Web Services 39
5.3 REST 架构 40
5.3.1 REST 概述 40
5.3.2 REST 的优势 40
5.3.3 REST 的应用 41

第二部分 技术原理篇

第6章 串口通信技术 44
6.1 串口通信的概念及原理 44
6.1.1 串口通信的概念 44
6.1.2 串口通信的原理 44
6.2 知识储备 45
6.2.1 C#中的 Form 控件 45
6.2.2 C#中的 Label 控件 47
6.2.3 C#中的 Button 控件 49
6.2.4 C#中的 TextBox 控件 52
6.2.5 C#中的 RichTextBox 控件 53
6.2.6 C#中的 ComboBox 控件 55
6.2.7 C#中的 CheckBox 控件 59
6.2.8 C#中的 SerialPort 类 59
6.2.9 C#中的委托与代理 62
6.2.10 C#中的线程 64
6.3 串口通信技术开发 67
6.3.1 引导任务 67
6.3.2 开发环境 67
6.3.3 界面设计 67
6.3.4 代码实现 69

第7章 网络通信技术 72
7.1 网络通信概述 72
7.1.1 UDP 概述 72
7.1.2 TCP/IP 概述 73

7.2 知识储备 74
    7.2.1 C#中的 Dns 类 74
    7.2.2 C#中的 IPHostEntry 类 76
    7.2.3 C#中的 IPEndPoint 类 77
    7.2.4 C#中的 Socket 类 79
7.3 UDP 通信技术开发 84
    7.3.1 引导任务 84
    7.3.2 开发环境 84
    7.3.3 界面设计 84
    7.3.4 程序代码设计 86
7.4 TCP/IP 通信技术开发 88
    7.4.1 引导任务 88
    7.4.2 开发环境 88
    7.4.3 界面设计 88
    7.4.4 程序代码设计 91

第 8 章 条码技术 96
8.1 条码技术概述 96
    8.1.1 条码的基本概念 97
    8.1.2 条码技术的特点 98
    8.1.3 条码的分类 99
8.2 知识储备 99
    8.2.1 C#中的 SaveFileDialog 控件 99
    8.2.2 C#中的 PictureBox 控件 101
    8.2.3 C#中的 Enum 类 103
    8.2.4 C#中的 Bitmap 类 103
8.3 一维条码技术开发 105
    8.3.1 引导任务 105
    8.3.2 开发环境 105
    8.3.3 程序界面设计 106
    8.3.4 程序代码设计 108
8.4 二维条码技术开发 111
    8.4.1 引导任务 111
    8.4.2 开发环境 111
    8.4.3 程序界面设计 111
    8.4.4 程序代码设计 113

第 9 章 RFID 技术 117
9.1 RFID 技术概述 117
    9.1.1 RFID 技术的概念 117
    9.1.2 RFID 技术的特点 117
    9.1.3 RFID 技术的分类 118

目录

9.2　知识储备 119
 9.2.1　C#中的 DataGridView 控件 119
 9.2.2　C#中的 Timer 控件 121
 9.2.3　C#中的 DataTable 类 123
 9.2.4　C#中的 StringBuilder 类 124
 9.2.5　C#中的 List 类 126
 9.2.6　HF RFID 常用指令 128
 9.2.7　UHF RFID 常用指令 128
9.3　HF RFID 技术开发 129
 9.3.1　引导任务 129
 9.3.2　开发环境 129
 9.3.3　程序界面设计 129
 9.3.4　程序代码设计 130
9.4　UHF RFID 技术开发 137
 9.4.1　引导任务 137
 9.4.2　开发环境 137
 9.4.3　程序界面设计 137
 9.4.4　程序代码设计 138

第 10 章　GPS 技术 143
10.1　GPS 技术概述 143
 10.1.1　GPS 构成 143
 10.1.2　GPS 原理 144
10.2　知识储备 144
 10.2.1　GPS 数据格式 144
 10.2.2　C#中的 CultureInfo 类 146
 10.2.3　C#中的 CheckForIllegalCrossThreadCalls 属性 148
10.3　GPS 技术开发 149
 10.3.1　引导任务 149
 10.3.2　开发环境 149
 10.3.3　程序界面设计 149
 10.3.4　程序代码设计 150

第 11 章　GIS 技术 156
11.1　GIS 概述 156
 11.1.1　GIS 的概念 156
 11.1.2　GIS 的功能 156
 11.1.3　GIS 的应用领域 157
 11.1.4　GIS 应用开发 158
11.2　知识储备 158
 11.2.1　GMap.NET 158
 11.2.2　C#中的 Byte 类型 159

物联网技术应用开发

11.2.3　C#中的占位符 160
11.3　GIS 开发 160
11.3.1　引导任务 160
11.3.2　开发环境 160
11.3.3　程序界面设计 161
11.3.4　程序代码设计 162

第 12 章　无线传感器网络 165
12.1　无线传感器网络原理 165
12.1.1　ZigBee 无线技术协议栈结构 165
12.1.2　ZigBee 技术原理 166
12.2　知识储备 166
12.3　无线传感器网络开发 166
12.3.1　引导任务 166
12.3.2　开发环境 166
12.3.3　程序界面设计 167
12.3.4　程序代码设计 168

第 13 章　GSM/GPRS 技术 172
13.1　GSM/GPRS 技术原理 172
13.1.1　GSM/GPRS 技术简介 172
13.1.2　AT 指令 172
13.1.3　GSM 模块 AT 指令集（请仔细参阅华为 EM310 指令集） 173
13.2　GSM/GPRS 技术开发 173
13.2.1　程序界面设计 173
13.2.2　程序代码设计 174

第三部分　应用开发篇

第 14 章　基于 REST 架构的 RFID 中间件设计与开发 176
14.1　背景分析 176
14.1.1　RFID 中间件技术概述 176
14.1.2　RFID 中间件的功能 177
14.2　系统设计 178
14.2.1　系统功能设计 178
14.2.2　系统架构设计 179
14.2.3　系统数据库设计 180
14.2.4　系统界面设计 180
14.3　系统关键代码实现 182
14.3.1　系统设置功能 182
14.3.2　读写器管理功能 188
14.3.3　启动读写器功能 193

VIII

14.3.4 读写器接收数据功能	198

第15章 基于超高频RFID的智能超市系统开发 ... 199
15.1 背景分析 ... 199
15.2 系统设计 ... 200
15.2.1 系统功能设计 ... 200
15.2.2 系统架构设计 ... 201
15.2.3 系统数据库设计 ... 202
15.2.4 系统界面设计 ... 203
15.3 系统关键代码实现 ... 204
15.3.1 用户登录功能 ... 204
15.3.2 用户结算功能 ... 206

第16章 基于GIS/GPS/GPRS技术的运输监控系统开发 ... 211
16.1 背景分析 ... 211
16.2 系统设计 ... 212
16.2.1 系统功能设计 ... 212
16.2.2 系统架构设计 ... 212
16.2.3 系统数据库设计 ... 213
16.2.4 系统界面设计 ... 214
16.3 系统关键代码实现 ... 214
16.3.1 地图界面初始化 ... 214
16.3.2 保存截图的操作 ... 215
16.3.3 地址查询并绘制图标的代码 ... 216
16.3.4 绘制两地之间的线路图命令 ... 217

参考文献 ... 218

第一部分

基础篇

第1章
物联网技术概述

1.1 物联网的定义

目前各界对于物联网的定义争议很大,还没有一个定义被广泛接受。各个国家和地区对于物联网都有自己的定义。以下是一些国家、地区和组织的定义。

美国的定义:将各种传感设备,如射频识别(Radio Frequency Identification,RFID)设备、红外传感器、全球定位系统等与互联网结合起来而形成的一个巨大的网络,其目的是让所有的物体都与网络连接在一起,方便识别和管理。

欧盟的定义:将现有互联的计算机网络扩展到互联的物品网络。

国际电信联盟(International Telecommunication Union,ITU)的定义:任何时间、任何地点,我们都能与任何东西相连。

2010年温家宝总理在第十一届人大第三次会议上对物联网的定义:物联网是指通过信息传感设备,按照约定的协议,把任何物品与互联网连接起来进行信息交换和通信,以实现智能化识别、跟踪、定位、监控和管理。它是在互联网的基础上延伸和扩展的网络。

为了更好地理解物联网的定义,我们给出了物联网的概念模型,如图1-1所示。

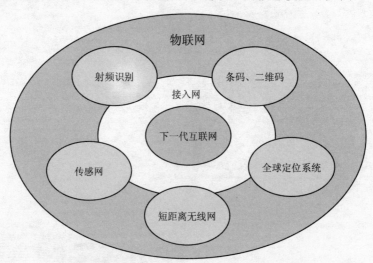

图1-1 物联网概念模型

由物联网的定义,可以从技术和应用两个方面来进行理解。

(1)技术理解:物联网是物体的信息利用感应装置,经过传输网络,到达指定的信息处理中心，最终实现物与物、人与物的自动化信息交互与处理的智能网络。

（2）应用理解：物联网是把世界上所有的物体都连接到一个网络中，形成"物联网"，然后又与现有的互联网相连，实现人类社会与物体系统的整合，以更加精细和动态的方式去管理。

1.2　物联网技术的起源与发展

物联网的概念最早是由麻省理工学院 Ashton 教授于 1999 年在美国召开的移动计算和网络国际会议上提出的，其理念是基于 RFID（射频识别技术）、电子代码（EPC）等技术，在互联网的基础上构造一个实现全球物品信息实时共享的实物互联网（简称物联网）。

2003 年，美国《技术评论》提出传感网络技术将是未来改变人们生活的十大技术之首。2005 年 11 月 17 日，在突尼斯举行的信息社会世界峰会（WSIS）上，国际电信联盟发布《ITU 互联网报告 2005：物联网》，引用了"物联网"的概念。物联网的定义和范围已经发生了变化，覆盖范围有了较大的拓展，不再局限于基于 RFID 技术的物联网。报告指出，无所不在的"物联网"通信时代即将来临，世界上所有的物体从轮胎到牙刷、从房屋到纸巾都可以通过互联网主动进行交换。RFID 技术、传感器技术、纳米技术、智能嵌入技术将得到更加广泛的应用。

2009 年 1 月 28 日，奥巴马就任美国总统后与美国工商业领袖举行了一次"圆桌会议"，IBM 首席执行官彭明盛首次提出"智慧地球"这一概念，建议新政府投资新一代的智慧型基础设施。当年，美国将新能源和物联网列为振兴经济的两大重点。

2009 年 8 月温家宝总理在视察中科院无锡物联网产业研究所时，对物联网应用提出了一些看法和要求。自温总理提出"感知中国"以来，物联网被正式列为国家五大新兴战略性产业之一，并写入"政府工作报告"。2011 年 11 月 28 日，工业和信息化部印发《物联网"十二五"发展规划》，2013 年 2 月 17 日国务院发布了《国务院关于推进物联网有序健康发展的指导意见》等。物联网在中国受到了政府及全社会极大的关注，其受关注程度是在美国、欧盟以及其他各国不可比拟的。物联网发展历程如图 1-2 所示。

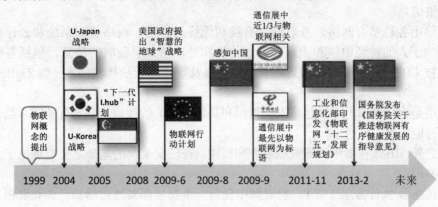

图 1-2　物联网发展历程

纵观物联网技术的产生与发展，它由最初的互联网、RFID 技术、EPC 标准等转变为包括了光、热等传感网以及 GPS/GIS 等数据通信技术和人工智能、纳米技术等为实现全世界人与物、物与物实时通信的所有应用技术。

1.3 物联网的体系架构

传统上习惯将整个物联网体系分为三个层次：感知层、网络层、应用层，如图 1-3 所示。

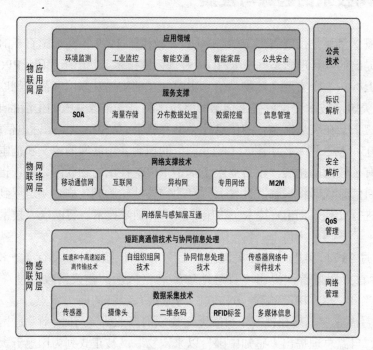

图 1-3 物联网架构

感知层由各种传感器以及传感器网关构成，包括光照强度传感器、温度传感器、湿度传感器、条码标签、RFID 标签和读写器、摄像头、GPS 等感知终端。感知层的作用相当于人的眼耳鼻喉和皮肤等神经末梢，它是物联网识别物体、采集信息的来源，其主要功能是识别物体、采集信息。

网络层由各种私有网络、互联网、有线和无线通信网、网络管理系统和云计算平台等组成，相当于人的神经中枢和大脑，负责传递和处理感知层获取的信息，包括各种远距离无线传输技术（如 GPRS 技术、GSM 技术等）以及短距离无线传输技术（如 ZigBee、Wi-Fi 技术等）。

应用层是物联网和用户（包括人、组织和其他系统）的接口，它与行业需求结合，实现物联网的智能应用。

除此之外，IBM 在多年的研究积累和实践中，在三层架构的基础之上提炼出了八层的物联网参考架构。

（1）传感器/执行器层（域）：物联网中任何一个物体都要通过感知设备获取相关信息以及传递感应到的信息给所有需要的设备或系统。传感器/执行器层是最直接与周围物体接触的域。传感器除了传统的传感功能外，还要具备一些基本的本地处理能力，使所传递的信息是系统最需要的，从而使传递网络的使用更加优化。

（2）传感网层（域）：这是传感器之间形成的网络。这些网络有可能基于公开协议，如 IP 地址，也有可能基于一些私有协议。其目的就是为了使传感器之间可以互联互通以及传递感应信息。

（3）传感网关层（域）：由于物联网世界里的对象是我们身边的每一个物理存在的实体，因此感知到的信息量将会是巨大的、五花八门的。如果传感器将这些信息直接传递给所需要的系统，那么将会对网络造成巨大的压力和不必要的资源浪费。因此，最好的方法是通过某种程度的网关将信息进行过滤、协议转换、信息压缩加密等，使信息更优化和安全地在公共网络上传递。

（4）广域网络层（域）：在这一层主要是为了将感知层的信息传递到需要信息处理或者业务应用的系统中，可以采用 IPv4 或者 IPv6 协议。

（5）应用网关层（域）：在传输过程中为了更好地利用网络资源以及优化信息处理过程，要设置局部或者区域性的应用网关。目的有两个：一是信息汇总与分发；二是进行一些简单信息处理与业务应用的执行，最大程度地利用 IT 与通信资源，提高信息的传输和处理能力，提高可靠性和持续性。

（6）服务平台层（域）：服务平台层是为了使不同的服务提供模式得以实施，同时集中优化地实现物联网世界中的信息处理方面的共性功能，缓解传统应用系统或者应用系统整合平台的压力。这样使得应用系统无需因为物联网的出现而进行大的修改，能够更充分地利用已有业务应用系统，支持物联网的应用。

（7）应用层（域）：应用层包括了各种不同业务或者服务所需要的应用处理系统。这些系统利用传感的信息进行处理、分析，执行不同的业务，并把处理的信息再反馈给传感器进行更新以及对终端使用者提供服务，使得整个物联网的每个环节都更加连续和智能。这些业务应用系统一般都是在企业内部、外部被托管或者共享的 IT 应用系统。

（8）分析与优化层（域）：在物联网世界中，从信息的业务价值和 IT 信息处理的角度看，它与互联网最大的不同就是信息和信息量。物联网的信息来源广阔，信息是海量的，在这种情况下利用信息更好地为我们服务，就要基于信息分析和优化。传统的商业智能也是对信息进行分析以及进行业务决策，但是在物联网中，基于传统的商业智能和数据分析是远远不够的，因此需要更智能化的分析能力，需要基于数学和统计学的模型进行分析、模拟和预测。信息越多就越需要更好的优化才能够带来价值。

1.4 物联网技术的应用领域

随着物联网相关技术的发展与成熟，物联网技术已经在很多行业中取得了应用，如智能交通、智能物流、智能安防、智慧医疗以及智能生产等各行各业，如图 1-4 所示。物联网技术的发展给我的生活带来了很多方便，虽然目前还处于初级发展阶段，但是未来社会的发展离不开物联网技术。很明显，随着平安城市建设、城市智能交通体系建设和"新医改"医疗信息化建设的加快，安防、交通和医疗三大领域有望在物联网发展中率先受益，成为物联网产业市场容量最大、增长最为显著的领域。据悉，中国移动即将在 4 个领域推出 4 个全网产品：物联通、智能家居、手机二维码、移动产品。

从以下几个方面作一个简单的应用介绍。

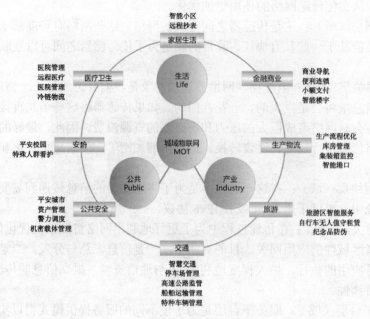

图1-4 物联网应用实例示意图

（1）智能家居：智能家居产品融合自动化控制系统、计算机网络系统和网络通信技术于一体，如图1-5所示，将各种家庭设备（如音视频设备、照明系统、窗帘控制、空调控制、安防系统、数字影院系统、网络家电等）通过智能家庭网络实现自动化，通过中国电信的宽带、固定电话和3G无线网络，可以实现对家庭设备的远程操控。与普通家居相比，智能家居不仅提供舒适宜人且高品位的家庭生活空间，实现更智能的家庭安防系统，还将家居环境由原来的被动静止结构转变为具有能动智慧的工具，提供全方位的信息交互功能。

图1-5 智能家居

（2）智能医疗：智能医疗系统借助简易实用的家庭医疗传感设备，对家中病人或老人的生理指标进行自测，并将生成的生理指标数据通过GPRS等无线网络传送到护理人或有关医疗单位，如图 1-6 所示。根据客户需求提供增值服务，如紧急呼叫救助服务、专家咨询服务、终生健康档案管理服务等。智能医疗系统真正解决了现代社会子女们因工作忙碌无暇照顾家中老人的无奈，可以随时表达孝子情怀。

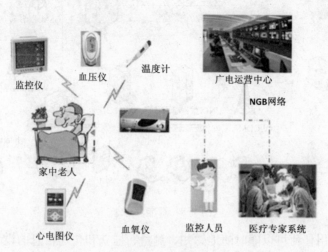

图 1-6　智能医疗

（3）智能城市：智能城市产品包括对城市的数字化管理和城市安全的统一监控。前者利用"数字城市"理论，基于 3S（GIS、GPS、RS）等关键技术，深入开发和应用空间信息资源，建设服务于城市规划、城市建设和管理，服务于政府、企业、公众，服务于人口、资源环境、经济社会的可持续发展的信息基础设施和信息系统。后者基于宽带互联网的实时远程监控、传输、存储、管理业务，利用中国电信无处不达的宽带和 3G 网络，将分散、独立的图像采集点进行联网，实现对城市安全的统一监控、统一存储和统一管理，为城市管理和建设者提供一种全新、直观、视听觉范围延伸的管理工具。智能城市示意图，如图 1-7 所示。

图 1-7　智能城市

（4）智能环保："智慧环保"是"数字环保"概念的延伸和拓展，它是借助物联网技术，把感应器和装备嵌入到各种环境监控对象（物体）中，通过超级计算机和云计算将环保领域物联网整合起来，可以实现人类社会与环境业务系统的整合，以更加精细和动态的方式实现环境管理和决策的智慧，如图 1-8 所示。"智慧环保"的总体架构包括感知层、传输层、智慧层和服务层。

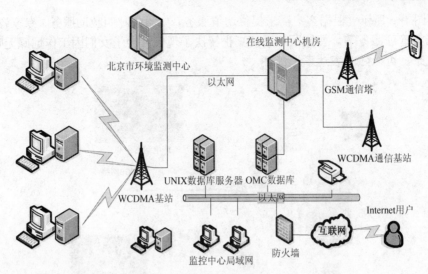

图1-8 智能环保

1)感知层：利用任何可以随时随地感知、测量、捕获和传递信息的设备、系统，实现对环境质量、污染源、生态、辐射等环境因素的"更透彻的感知"。

2)传输层：利用环保专网、运营商网络，结合3G、卫星通信等技术，将个人电子设备、组织和政府信息系统中存储的环境信息进行交互和共享，实现"更全面的互联互通"。

3)智慧层：以云计算、虚拟化和高性能计算等技术手段，整合和分析海量的跨地域、跨行业的环境信息，实现海量存储、实时处理、深度挖掘和模型分析，实现"更深入的智能化"。

4)服务层：利用云服务模式，建立面向对象的业务应用系统和信息服务门户，为环境质量、污染防治、生态保护、辐射管理等业务提供"更智慧的决策"。

（5）智能交通：智能交通系统（Intelligent Transportation System，ITS）是未来交通系统的发展方向，是将先进的信息技术、数据通信传输技术、电子传感技术、控制技术及计算机技术等有效地集成运用于整个地面交通管理系统而建立的一种在大范围内全方位发挥作用的、实时、准确、高效的综合交通运输管理系统，如图1-9所示。智能交通系统可以有效地利用现有的交通设施，减少交通负荷和环境污染，保证交通安全，提高运输效率。因而，日益受到各国的重视。

中国物联网校企联盟认为，智能交通的发展与物联网的发展是离不开的，只有物联网技术的不断发展，智能交通系统才能越来越完善。智能交通是交通的物联化体现。

21世纪是公路交通智能化的世纪，人们将要采用的智能交通系统是一种先进的一体化交通综合管理系统。在该系统中，车辆依靠自己的智能在道路上自由行驶；公路依靠自身的智能将交通流量调整至最佳状态；借助于这个系统，管理人员对道路、车辆的行踪将掌握得一清二楚。

（6）智能司法：智能司法是一个集监控、管理、定位、矫正于一身的管理系统，能够帮助各地各级司法机构降低刑罚成本，提高刑罚效率。目前，中国电信已实现通过CDMA独具优势的GPSONE手机定位技术对矫正对象进行位置监管，同时具备完善的矫正对象电子档案、查询统计功能，并包含对矫正对象的管理考核，给矫正工作人员的日常工作带来信息化、智能化。

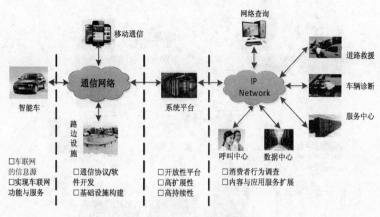

图 1-9　智能交通

（7）智能农业：智能农业产品通过实时采集温室内温度、湿度信号以及光照、土壤温度、CO_2 浓度、叶面湿度、露点温度等环境参数，自动开启或者关闭指定设备；可以根据用户需求，随时进行处理，为设施农业综合生态信息自动监测、对环境进行自动控制和智能化管理提供科学依据；通过模块采集温度传感器等信号，经由无线信号收发模块传输数据，实现对大棚温湿度的远程控制，如图 1-10 所示。智能农业产品包括智能粮库系统，该系统通过将粮库内温湿度变化的感知与计算机或手机连接进行实时观察，记录现场情况，以保证粮库内的温湿度平衡。

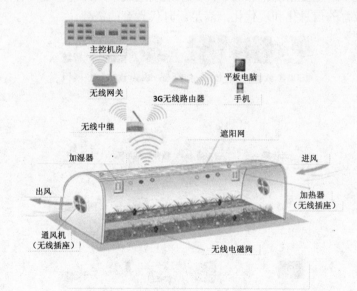

图 1-10　智能农业

（8）智能物流：智能物流打造了集信息展现、电子商务、物流配载、仓储管理、金融质押、园区安保、海关保税等功能于一体的物流园区综合信息服务平台，如图 1-11 所示。物流园区综合信息服务平台以功能集成、效能综合为主要开发理念，以电子商务、网上交易为主要交易形式，建设了高标准、高品位的综合信息服务平台，并为金融质押、园区安保、海关保税等功能预留了接口，可以为园区客户及管理人员提供一站式综合信息服务。

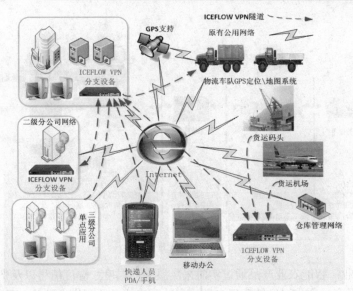

图 1-11　智能物流

（9）智能校园：智能校园是通过信息化手段，实现对各种资源的有效集成、整合和优化，实现资源的有效配置和充分利用，实现教育和校务管理过程的优化、协调，实现数字化教学、数字化学习、数字化科研和数字化管理，如图 1-12 所示。一般而言，目前的智能校园系统主要基于物联网技术，主要由弱电和教学两大子系统组成，从而能够提高各项工作效率、效果和效益，实现教育的信息化和现代化，满足新时代教育的需要。

图 1-12　智能校园

（10）智能文博：智能文博系统是基于 RFID 和中国电信的无线网络，运行在移动终端的导览系统，如图 1-13 所示。该系统在服务器端建立相关导览场景的文字、图片、语音及视频介绍数据库，以网站形式提供专门面向移动设备的访问服务；移动设备终端通过其附带的 RFID 读写器得到相关展品的 EPC 编码后，可以根据用户需要，访问服务器网站并得到该展品的文字、图片语音或者视频介绍等相关数据。

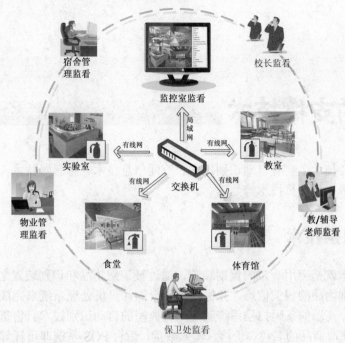

图 1-13 智能文博

物联网的发展还处于一个初级阶段,将会是一个长期发展的过程。

第 2 章
物联网的支撑技术

物联网的核心技术主要有自动识别技术、空间信息技术、传感器技术、无线通信网络技术、人工智能技术、云计算技术等。

2.1 自动识别技术

自动识别技术就是应用一定的识别装置,通过被识别物品和识别装置之间的接近活动,自动地获取被识别物品的相关信息,并提供给后台的计算机处理系统来完成相关后续处理的一种技术。比如,商场的条码扫描系统就是一种典型的自动识别技术。售货员通过扫描仪扫描商品的条码,获取商品的名称、价格,输入数量,后台 POS 系统即可计算出该批商品的价格,从而完成顾客的结算。当然,顾客也可以采用银行卡支付的形式进行支付,银行卡支付过程本身也是自动识别技术的一种应用形式。

自动识别技术是以计算机技术和通信技术为基础的综合性科学技术,它是信息数据自动识读、自动输入计算机的重要方法和手段。自动识别技术是一种高度自动化的信息或者数据采集技术。

自动识别技术近几十年在全球范围内得到了迅猛发展,初步形成了一个包括条码技术、磁条磁卡技术、IC 卡技术、光学字符识别、射频技术、声音识别及视觉识别等集计算机、光、磁、物理、机电、通信技术为一体的高新技术学科。

一般来讲,在一个信息系统中,数据的识别完成了系统的原始数据采集工作,解决了人工数据输入速度慢、误码率高、劳动强度大、工作简单重复性高等问题,为计算机信息处理提供了快速、准确地进行数据采集输入的有效手段,因此,自动识别技术作为一种革命性的高新技术正迅速为人们所接受。自动识别系统通过中间件或者接口(包括软件和硬件)将数据传输给后台计算机,由计算机对所采集到的数据进行处理或者加工,最终形成对人们有用的信息。有时,中间件本身就具有数据处理的功能。中间件还可以支持单一系统不同协议的产品的工作。

完整的自动识别计算机管理系统包括自动识别系统(Auto Identification System,AIDS)、应用程序接口(Application Interface,API)或者中间件(Middleware)和应用系统软件(Application Software)。

自动识别系统完成系统的采集和存储工作,应用系统软件对自动识别系统所采集的数据进行应用处理,而应用程序接口软件则提供自动识别系统和应用系统软件之间的通信接口(包括数据格式),将自动识别系统采集的数据信息转换成应用软件系统可以识别和利用的信息并进行数据传递。

2.2 空间信息技术

空间信息技术（Spatial Information Technology）是20世纪60年代兴起的一门新兴技术，20世纪70年代中期以后在我国得到迅速发展，主要包括3S等理论与技术，同时结合计算机技术和通信技术进行空间数据的采集、量测、分析、存储、管理、显示、传播和应用等。空间信息技术在广义上也被称为"地球空间信息科学"，在国外被称为"GeoInformatics"。

3S是全球定位系统（Global Positioning System，GPS）、遥感（Remote Sensing，RS）和地理信息系统（Geographic Information System，GPS）的简称。

RS是指从高空或外层空间接收来自地球表层各类地物的电磁波信息，并通过对这些信息进行扫描、摄影、传输和处理，从而对地表各类地物和现象进行远距离测控和识别的现代综合技术。RS是空间信息采集和分析技术，为GIS等应用提供支持，物流领域应用较少。GIS就是一个专门管理地理信息的计算机软件系统，它不但能分门别类、分级分层地去管理各种地理信息，而且还能将它们进行各种组合、分析、再组合、再分析等，还能查询、检索、修改、输出、更新等。除此之外，GIS还有一个特殊的可视化功能，就是通过计算机屏幕把所有的信息逼真地再现到地图上，成为信息可视化工具，清晰直观地表现出信息的规律和分析结果，同时在屏幕上动态地监测信息的变化。GPS是由空间卫星、地面控制和用户设备三部分构成的。GPS是美国从20世纪70年代开始研制，于1994年全面建成，具有海、陆、空全方位实时三维导航与定位能力的新一代卫星导航与定位系统。中国自主研发的北斗卫星导航系统与美国的GPS、俄罗斯的格洛纳斯、欧盟的伽利略系统兼容共用的全球卫星导航系统并称全球四大卫星导航系统。中国此前已成功发射四颗北斗导航试验卫星和十六颗北斗导航卫星（其中，北斗-1A已经结束任务），将在系统组网和试验基础上逐步扩展为全球卫星导航系统。图2-1为3S技术结合大地测量学应用的综合体现。

图2-1 数字模拟地球

空间信息技术为多个学科和行业的发展提供了强力支持，在物流领域的应用也非常广泛。GPS可以获取运输车辆的位置信息，结合GIS技术可以实现运输车辆和货物的追踪管理；同时，GIS可以为物流规划提供全面、准确的基础数据，分析预测货物流量、流向及其变化，减少物流规划中的盲目性等。未来，空间信息技术将会在物流领域发挥更多的作用，为物流系统营运和物流企业的方案决策提供科学的依据，为实现决策的可视化、促进物流相关部门管理的科学化及信息化作出贡献。

2.3 传感器技术

在物联网中,传感器主要负责接收物品"讲话"的内容。传感器技术是从自然信源获取信息并对获取的信息进行处理、变换、识别的一门多学科交叉的现代科学与工程技术,它涉及传感器、信息处理和识别的规划设计、开发、制造、测试、应用及评价改进活动等内容。

物联网终端就是由各种传感器组成的,用来感知环境中的可用信号。传感器是一种检测装置,能感受到被测量的信息,并能将检测感受到的信息,按一定规律变换成为电信号或其他所需形式的信息输出,以满足信息的传输、处理、存储、显示、记录和控制等要求。它是实现自动检测和自动控制的首要环节。随着社会的不断进步,在我们生活的周围,各种各样的传感器已经得到了广泛的应用,如电冰箱、微波炉、空调机的温度传感器;电视机的红外传感器;录像机的湿度传感器、光电传感器;汽车的速度、压力、湿度、流量、氧气等多种传感器。这些传感器的共同特点是利用各种物理、化学、生物效应等实现对被检测量的测量。

在物联网系统中,传感器就是对各种参量进行信息采集和简单加工处理的设备。传感器可以独立存在,也可以与其他设备以一体方式呈现。但无论哪种方式,它都是物联网中的感知和输入部分。

在物联网中,传感器用来进行各种数据信息的采集和简单的加工处理,并通过固有协议,将数据信息传送给物联网终端进行处理。例如,通过 RFID 进行标签号码的读取,通过 GPS 得到物体位置信息,通过图像感知器得到图片或图像,通过环境传感器取得环境温度、湿度等参数。传感器属于物联网中的感知网络层,处于研究对象与检测系统的接口位置,是感知、获取与检测信息的窗口。它提供物联网系统赖以进行决策和处理所必需的原始数据;它作为物联网的最基本一层,具有十分重要的作用;它好比人的眼睛和耳朵,去看去听世界上需要被监测的信息。因此,传感网络层中传感器的精度是应用中重点考虑的一个实际参数。

传感器的种类繁多,往往同一种被测量可以用不同类型的传感器来测量,而同一原理的传感器又可测量多种物理量。因此,传感器有许多种分类方法,常用的分类方法有以下几种。

(1) 按被测量分类。

1) 针对机械量的传感器,如位移、力、速度、加速度等。

2) 针对热工量的传感器,如温度、热量、流量(速)、压力(差)、液位等。

3) 针对物性参量的传感器,如浓度、黏度、比重、酸碱度等。

4) 针对状态参量的传感器,如裂纹、缺陷、泄露、磨损等。

(2) 按测量原理分类。按传感器的工作原理可分为电阻式、电感式、电容式、压电式、光电式、磁电式、光纤、激光、超声波等传感器。现有传感器的测量原理都是基于物理、化学和生物等各种效应和定律的,这种分类方法便于从原理上认识输入与输出之间的变换关系,有利于专业人员从原理、设计及应用上作归纳性的分析与研究。

(3) 按作用形式分类。按传感器的作用形式可分为主动型和被动型传感器。主动型传感器又有作用型和反作用型,此种传感器对被测对象能发出一定的探测信号,能检测探测信号在被测对象中产生的变化,或者由探测信号在被测对象中产生某种效应而形成信号。检测探测信号变化方式的称为作用型传感器,检测产生响应而形成信号方式的称为反作用型传感器。雷达与无线电频率范围探测器是作用型传感器,光声效应分析装置与激光分析器是反作

第 2 章 物联网的支撑技术

用型传感器。被动型传感器只是接收被测对象本身产生的信号,如红外辐射温度计、红外摄像装置等。

（4）按输出信号分类。

1）模拟传感器：将被测量的非电学量转换成模拟电信号。

2）数字传感器：将被测量的非电学量转换成数字输出信号（包括直接和间接转换）。

3）膺数字传感器：将被测量的信号量转换成频率信号或短周期信号（包括直接或间接转换）。

4）开关传感器：当一个被测量的信号达到某个特定的临界值时,传感器相应地输出一个设定的低电平或高电平信号。

2.4 无线通信网络技术

物联网中物品要与人无障碍地交流,必然离不开高速、可进行大批量数据传输的无线网络。物联网的通信与组网技术主要完成感知信息的可靠传输。无线网络既包括允许用户建立远距离无线连接的全球语音和数据网络,也包括近距离的蓝牙技术、超宽带（UWB）技术、Wi-Fi 技术和 ZigBee 技术等。由于物联网连接的物体多种多样,所以物联网涉及的网络技术有很多,如有线网络、无线网络、短距离网络、长距离网络、企业专用网络、公用网络,局域网、互联网等。

2.4.1 蓝牙技术

蓝牙（Bluetooth）是一种低成本、低功率、近距离无线连接技术标准,是实现数据与语音无线传输的开放性规范。所谓蓝牙（Bluetooth）技术,其实质内容是建立通用的无线电空中接口,使计算机和通信进一步结合,让不同厂家生产的便携式设备在没有电线或电缆相互连接的情况下,能在近距离范围内具有相互操作的一种技术。由于采用了向产业界无偿转让该项专利的策略,目前在无线办公、汽车工业、医疗等设备上都可见蓝牙技术的身影,其应用极为广泛。

利用蓝牙技术,能够有效地简化掌上计算机、笔记本计算机和移动电话手机等移动通信终端设备之间的通信,也能够成功地简化以上这些设备与互联网之间的通信,从而使这些现代通信设备与互联网之间的数据传输变得更加迅速高效,为无线通信拓宽道路。蓝牙技术使得现代一些可携带的移动通信设备和计算机设备不必借助电缆就能联网,并且能够实现无线上网,其实际应用范围还可以拓展到各种家电产品、消费电子产品和汽车等信息家电,组成一个巨大的无线通信网络。基于蓝牙技术的无线局域网的系统模型如图 2-2 所示。

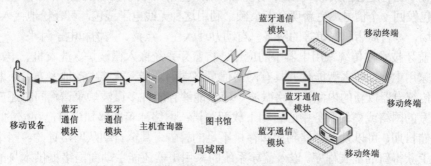

图 2-2 基于蓝牙技术的无线局域网的系统模型

15

蓝牙技术使用的工作频率为 2.4～2.5GHz 之间,属于免费的 ISM(Industry Science Medicine)频段。蓝牙技术可以实现语音、视频和数据的传输,其最高的通信速率为 1Mbit/s,采用时分方式的全双工通信,通信距离为 10m 左右(如果配置功率放大器,可以使通信距离达到 100m)。

蓝牙产品采用跳频技术,能够抵抗信号衰落;采用快跳频和短分组技术,能够有效地减少同频干扰,提高通信的安全性;采用前向纠错编码技术,可以在远距离通信时减少随机噪声的干扰;采用 FM 调制方式,使设备变得更为简单可靠。

目前,蓝牙技术已经在很多领域取得了广泛的应用,主要包括以下几个方面。

(1) 在手机上的应用:嵌入蓝牙技术的数字移动电话可实现一机三用,真正实现个人通信的功能。在办公室可作为内部的无线集团电话;回家后可作为无绳电话来使用,不必支付昂贵的移动电话的话费;在室外或乘车的路上,可作为移动电话与掌上计算机或个人数字助理(PDA)结合起来,并通过嵌入蓝牙技术的局域网接入点,随时随地在互联网上冲浪浏览。同时,借助嵌入蓝牙的头戴式话筒和耳机以及语音拨号技术,不用动手就可以接听和拨打移动电话。

(2) 在掌上计算机上的应用:掌上计算机越来越普及,嵌入蓝牙芯片的掌上计算机将提供想象不到的便利。通过掌上计算机,不仅可以编写 E-mail,而且可以立即发送出去,没有外线与计算机连接,一切都由蓝牙设备来传送。在飞机上用掌上计算机写 E-mail。当飞机着陆后,只需要打开手机,所有信息可通过机场的蓝牙设备自动发送。有了蓝牙技术,你的掌上计算机能够与桌面系统保持同步。即使把计算机放到口袋里,桌面系统的任何变化都可以按预先设置好的更新原则,将变化传到掌上计算机中。回到家中,随身携带的个人数字助理通过蓝牙芯片与家庭设备自动通信,可以为你自动打开门锁、开灯,并将室内的空调器或暖气调到预定的温度等。进入旅馆可以自动登记,并将你房间的电子钥匙自动传送到个人数字助理上,你轻轻一按就可以打开所定的房间。

(3) 其他数字设备上的应用:数码照相机、数码摄像机等设备装上蓝牙系统,既可免去使用电线的不便,又可不受存储器容量的困扰,随时随地可将所摄图片或影像通过同样装备蓝牙系统的手机或其他设备传回指定的计算机中。蓝牙技术还可以应用于投影机产品,实现投影机的无线连接。

(4) 蓝牙技术构成的电子钱包和电子锁:蓝牙系统构成的无线电电子锁比其他非接触式电子锁或 IC 锁具有更高的安全性和适用性,各种无线电遥控器(特别是汽车防盗和遥控)比红外线遥控器的功能更强大。在餐馆、酒楼用餐时,菜单的双向无线传输或招呼服务员提供指定的服务将更为方便。在超市购物时,当你走向收银台时,蓝牙电子钱包会发出一个信号,证明你的信用卡或现金卡上有足够的余额。因此,你不必掏出钱包便可自动为所购物品付款,收银台会向你的电子钱包发回一个信号,更新现金卡余额。利用这种无线电子钱包,可轻松地接入航空公司、饭店、剧场、零售商店和餐馆等的网络,自动办理入住、点菜、购物和电子付账。

(5) 蓝牙技术在传统家用电器中的应用:将蓝牙系统嵌入微波炉、洗衣机、电冰箱、空调器等传统家用电器,使之智能化并具有网络信息终端的功能,能够主动地发布、获取和处理信息,赋予传统电器以新的内涵。网络微波炉应该能够存储许多微波炉菜谱,同时还应该能够通过生产厂家的网络或烹调服务中心自动下载新菜谱;网络冰箱能够知道自己存储的食品种类、数量和存储日期,可以发出存储到期和存量不足的警告,甚至自动从网络订购;网络洗衣机可以从网络上获得新的洗衣程序。嵌入蓝牙系统的家用电器还能主动向网络提供本身的一些有用信息,如向生产厂家提供有关故障并要求维修的反馈信息等。嵌入蓝牙系统的家用电器是网络上的家用电器，不再是计算机的外设，它可以各自为战，提示主人如何运作。我们可以设想把所有嵌入蓝牙系统的家用电器通过一个遥接器来进行控制，这一个遥控器不但可以控制电视机、计算机、空调器，同时还可以用做无绳电话或者移动电话，甚至可以在这些家用电器之间共享有用的信息，如把电视节目或者电话语音录制下来存储到计算机中。

蓝牙技术的应用范围相当广泛，可以广泛应用于局域网络中各类数据及语音设备，如拨号网络、计算机、打印机、传真机、数码相机、移动电话和高品质耳机等，蓝牙的无线通信方式将上述设备连成一个微微网，多个微微网之间也可以进行互联，从而实现各类设备之间随时随地进行通信。应用蓝牙技术的典型环境有无线办公环境、汽车工业、信息家电、医疗设备以及学校教育和工厂自动控制等。目前，蓝牙的初期产品已经问世，一些芯片厂商已经开始着手改进具有蓝牙功能的芯片。与此同时，一些颇具实力的软件公司或者推出自己的协议栈软件，或者与芯片厂商合作推出蓝牙技术实现的具体方案。尽管如此，蓝牙技术要真正普及开来还需要解决以下几个问题：①降低成本；②方便、实用，并真正给人们带来实惠和好处；③安全、稳定、可靠地进行工作；④尽快出台一个有权威的国际标准。一旦上述问题被解决，蓝牙技术将迅速改变人们的生活与工作方式，并大大提高人们的生活质量。

2.4.2 ZigBee 技术

ZigBee 技术是一种近距离、低复杂度、低功耗、低速率、低成本的双向无线通信技术，主要用于距离短、功耗低且传输速率不高的各种电子设备之间进行数据传输以及典型的周期性数据、间歇性数据和低反应时间数据传输的应用。

简单地说，ZigBee 是一种高可靠性的无线数传网络，类似于 CDMA 和 GSM 网络。ZigBee 数传模块类似于移动网络基站，通信距离从标准的 75m 到几百米、几公里，并且支持无限扩展。

ZigBee 是一个由可多到 65000 个无线数传模块组成的无线数传网络平台。在整个网络范围内，ZigBee 网络数传模块之间可以相互通信，网络节点间的距离可以从标准的 75m 无限扩展。

与移动通信的 CDMA 网或 GSM 网不同的是，ZigBee 网络主要是为工业现场自动化控制数据传输而建立的，因而，它必须具有简单、使用方便、工作可靠、价格低的特点。移动通信网主要是为语音通信而建立的，每个基站价值一般都在百万元人民币以上，而每个 ZigBee "基站"却不到 1000 元人民币。每个 ZigBee 网络节点不仅本身可以作为监控对象，如其所连接的传感器直接进行数据采集和监控，还可以自动中转别的网络节点传过来的数据资料。除此之外，每一个 ZigBee 网络节点（FFD）还可在自己信号覆盖范围内和多个不承担网络信息中转任务的孤立的子节点（RFD）无线连接。

ZigBee 技术具有如下主要特点。

（1）低功耗：由于 ZigBee 的传输速率低，发射功率仅为 1mW，而且采用了休眠模式，功耗低，因此 ZigBee 设备非常省电。据估算，ZigBee 设备仅靠两节 5 号电池就可以维持长达 6 个月到 2 年左右的使用时间，这是其他无线设备望尘莫及的。

（2）成本低：ZigBee 模块的初始成本在 6 美元左右，估计很快就能降到 1.5~2.5 美元，并且 ZigBee 协议是免专利费的。低成本对于 ZigBee 是一个关键的因素。

（3）时延短：通信时延和从休眠状态激活的时延都非常短，典型的搜索设备时延 30ms，休眠激活的时延是 15ms，活动设备信道接入的时延是 15ms。因此，ZigBee 技术适用于对延时要求苛刻的无线控制应用（如工业控制场合等）。

（4）网络容量大：一个星形结构的 ZigBee 网络最多可以容纳 254 个从设备和一个主设备，一个区域内最多可以同时存在 100 个 ZigBee 网络，而且网络组成灵活。

（5）可靠：采取了碰撞避免策略，同时为需要固定带宽的通信业务预留了专用时隙，避开了发送数据的竞争和冲突。MAC 层采用了完全确认的数据传输模式，每个发送的数据包都必须等待接收方的确认信息。如果传输过程中出现问题可以进行重发。

（6）安全：ZigBee 提供了基于循环冗余校验的数据包完整性检查功能，支持鉴权和认证，采用了 AES-128 加密算法，各个应用可以灵活确定其安全属性。

ZigBee 技术与其他技术的简单比较，见表 2-1。

表 2-1　ZigBee 技术与其他技术的比较

技术 项目	GPRS/CDMA	WiMAX（802.16）	Wi-Fi（802.11）	Bluetooth（802.15.1）	ZigBee（802.15.3）
应用重点	语音/数据	无线城域/广域网	Web/E-mail/Media	电缆替代品	监控
终端功耗	较高	高	较高	较高	小
网络规模	无限制	大	较小	点对点	65000 点
宽带	14.4Kbit/s 以上	可达 1Gbit/s	11Mbit/s 以上	720Kbit/s	250Kbit/s
传输距离	无限制	几十公里	几百米到几公里	<10m	几百米到几公里
优势	覆盖范围大，质量有保障	覆盖范围大，带宽大，投资成本低	速度，灵活	价格低，方便	可靠、低功耗、灵活

ZigBee 技术有其技术优势，也有其不足之处，作为低速率短距离无线通信技术的一种，应该有为它量身定做的应用，包括智能家庭、工业控制、自动抄表、医疗监护、传感器网络应用和电信应用。

（1）智能家庭：家里可能有很多电器和电子设备，如电灯、电视机、冰箱、洗衣机、计算机、空调器等，可能还有烟雾感应、报警器和摄像头等设备，以前我们最多做到点对点的控制，但如果使用了 ZigBee 技术，就可以把这些电子电器设备联系起来，组成一个网络，甚至可以通过网关连接到互联网，这样用户就可以方便地在任何地方监控自己家里的情况，并且省去了在家里布线的烦恼。

（2）工业控制：工厂环境中有大量的传感器和控制器，可以利用 ZigBee 技术把它们连接成一个网络进行监控，加强作业管理，降低成本。

（3）自动抄表：抄表是大家比较熟悉的事情，像煤气表、电表、水表等，每个月或每个季度都要统计一下读数，报给煤气、电力或者供水公司，然后根据读数来收费。现在大多数地方还是使用人工的方式来进行抄表，逐家逐户地敲门很不方便。而 ZigBee 技术可以用于这个领域，利用传感器把表的读数转化为数字信号，通过 ZigBee 网络把读数直接发送到煤气或水电公司。使用 ZigBee 技术进行抄表还可以带来其他好处，如煤气或水电公司可以直接把一些信息发送给用户，或者和节能相结合，当发现能源使用过快时可以自动降低使用速度。

（4）医疗监护：电子医疗监护是最近的一个研究热点。可以在人身上安装很多传感器，例如测量脉搏、血压，监测健康状况；还可以在人体周围环境放置一些监视器和报警器，例如在病房环境放置监视器和报警器，这样可以随时对人的身体状况进行监测，一旦发生问题，可以及时作出反应，如通知医院的值班人员。这些传感器、监视器和报警器，可以通过 ZigBee

技术组成一个监测网络，由于使用无线技术，传感器之间不需要有线连接，被监护的人也可以比较自由地行动，非常方便。

（5）传感器网络应用：传感器网络也是最近的一个研究热点，如货物跟踪、建筑物监测、环境保护等方面都有很好的应用前景。传感器网络要求节点低成本、低功耗，并且能够自动组网、易于维护、可靠性高。ZigBee 在组网和低功耗方面的优势使得它成为传感器网络应用的一个很好的技术选择。

（6）电信应用：在 2006 年初，意大利电信就宣布其研发了一种集成了 ZigBee 技术的 SIM 卡，并命名为"ZSIM"。该 SIM 卡把 ZigBee 集成在电信终端上。ZigBee 联盟的成员也在开发电信相关的应用。ZigBee 技术若可以在电信领域开展应用，那么将推动用户利用手机来进行移动支付，并且在热点地区可以获得一些感兴趣的信息，如新闻、折扣信息，用户也可以通过定位服务获知自己的位置。虽然现在的 GPS 定位服务已经做得很好，但却很难支持室内的定位，而 ZigBee 的定位功能正好弥补了这一缺陷。

2.4.3　Wi-Fi 技术

Wi-Fi 是一种可以将个人计算机、手持设备（如 PDA、手机）等终端以无线方式互相连接的技术。Wi-Fi 是一个无线网路通信技术的品牌，由 Wi-Fi 联盟（Wi-Fi Alliance）所持有，目的是改善基于 IEEE 802.11 标准的无线网路产品之间的互通性。它遵循 IEEE 所制定的 802.11x 系列标准，所以一般所说的 802.11x 系列标准都属于 Wi-Fi。根据 802.11x 标准的不同，Wi-Fi 的工作频段也有 2.4GHz 和 5GHz 的差别。Wi-Fi 能够实现随时随地上网，也能提供较高速的宽带接入。当然，Wi-Fi 技术也存在着诸如兼容性、安全性等方面的问题，不过它凭借着自身的优势占据着主流无线传输的地位。

Wi-Fi 网络是由 AP（Access Point）和无线网卡组成的无线网络。AP 一般称为网络桥接器或接入点，它是传统的有线局域网络与无线局域网络之间的桥梁，因此任何一台装有无线网卡的计算机均可通过 AP 去分享有线局域网络甚至广域网络的资源，其工作原理相当于一个内置无线发射器的集线器或者路由器，而无线网卡则是负责接收由 AP 所发射信号的客户端设备。

Wi-Fi 技术的优势在于以下几个方面：

（1）无线电波的覆盖范围广，基于蓝牙技术的电波覆盖范围非常小，半径大约只有 15m，而 Wi-Fi 的覆盖半径可达 100m 左右。最近，由 Vivato 公司推出的一款新型交换机能够把目前 Wi-Fi 无线网络接近 100m 的通信距离扩大到 6.5km 左右。

（2）Wi-Fi 技术传输速度非常快，可以达到 11Mbit/s，符合个人和社会信息化的需求。

（3）厂商进入该领域的门槛比较低。厂商在机场、车站、咖啡店、图书馆等人员较密集的地方设置"热点"，并通过高速线路将互联网接入上述场所，"热点"所发射出的电波就可以到达距接入点半径数 10m 至 100m 的地方，用户只要将支持无线局域网的笔记本计算机或 PDA 拿到该区域内，即可高速接入互联网。也就是说，厂商不用耗费资金来进行网络布线接入，从而节省了大量的成本。

根据无线网卡使用的标准不同，Wi-Fi 的速度也有所不同。其中，IEEE 802.11b 最高为 11Mbit/s（部分厂商在设备配套的情况下可以达到 22Mbit/s），IEEE 802.11a 为 54Mbit/s，IEEE 802.11g 也是 54Mbit/s。

基于 Wi-Fi 的组网架构，市场上出现了三种 Wi-Fi 的应用模式：第一，企业或者家庭内部接入模式，在企业内部或者家庭架设 AP，所有在覆盖范围内的 Wi-Fi 终端，通过这个 AP 实现内部通信，或者通过 AP 作为宽带接入出口连接到互联网，这是最普及的应用方式，这时 Wi-Fi 提供的就是网络接入功能；第二，电信运营商提供的无线宽带接入服务，通过运营商在很多宾馆、机场等公众服务场所架设的 AP，为公众用户提供 Wi-Fi 接入服务；第三，"无线城市"的综合服务，基本是由市政府全部或部分投资建设，是一种类似于城市基础建设的模式。

2.4.4 超宽带技术

超宽带（UWB）技术是一种无线载波通信技术，即不采用正弦载波，而是利用纳秒级的非正弦波窄脉冲传输数据，因此其所占的频谱范围很宽。超宽带技术是利用纳秒级窄脉冲发射无线信号的技术，适用于高速、近距离的无线个人通信。按照 FCC（Federal Communications Commission，美国联邦通讯委员会）的规定，从 3.1～10.6GHz 之间的 7.5GHz 的带宽频率为超宽带技术所使用的频率范围。

从频域来看，超宽带有别于传统的窄带和宽带，它的频带更宽。窄带是指相对带宽（信号带宽与中心频率之比）小于 1%；宽带是指相对带宽在 1%～25% 之间；超宽带是指相对带宽大于 25%，而且中心频率大于 500MHz。

从时域上讲，超宽带系统有别于传统的通信系统。一般的通信系统通过发送射频载波进行信号调制，而超宽带系统是利用起、落点的时域脉冲（几十纳秒）直接实现调制，超宽带的传输把调制信息过程放在一个非常宽的频带上进行，而且以这一过程中所持续的时间来决定带宽所占据的频率范围。

超宽带技术具有以下特点。

（1）抗干扰性能强：超宽带采用跳时扩频信号，系统具有较大的处理增益，在发射时将微弱的无线电脉冲信号分散在宽阔的频带中，输出功率甚至低于普通设备产生的噪声。接收时将信号能量还原出来，在解扩过程中产生扩频增益。因此，与 IEEE 802.11a、IEEE 802.11b 和蓝牙相比，在同等码速条件下，超宽带具有更强的抗干扰性。

（2）传输速率高：超宽带的数据速率可以达到几十 Mbit/s 到几百 Mbit/s，有望高于蓝牙 100 倍，也可以高于 IEEE 802.11a 和 IEEE 802.11b。

（3）带宽极宽：超宽带使用的带宽在 1GHz 以上，甚至可以高达几个 GHz。超宽带系统容量大，并且可以和目前的窄带通信系统同时工作而互不干扰。这在频率资源日益紧张的今天，开辟了一种新的时域无线电资源。

（4）消耗电能小：通常情况下，无线通信系统在通信时需要连续发射载波，因此，要消耗一定电能。而超宽带不使用载波，只是发出瞬间脉冲电波，也就是直接按 0 和 1 发送出去，并且在需要时才发送脉冲电波，所以消耗电能小。

（5）保密性好：超宽带保密性表现在两方面：一方面是采用跳时扩频，接收机只有已知发送端扩频码时才能解出发射数据；另一方面是系统的发射功率谱密度极低，用传统的接收机无法接收。

（6）发送功率非常小：超宽带系统发射功率非常小，通信设备可以用小于 1mW 的发射功率就能实现通信。低发射功率大大延长系统电源工作时间。况且，发射功率小，其电磁波辐射对人体的影响也会很小。

2.4.5 无线网络技术

在高速发展的信息时代，伴随着有线网络的广泛应用，以快捷高效、组网灵活为优势的无线网络技术也在飞速发展。一般来说，凡是采用无线传输媒体的计算机网络系统都可称为无线网络，它是计算机网络与无线通信技术相结合的产物。无线网络利用了无线多址信道的有效方法来支持计算机之间的通信，并为通信的移动化、个性化和多媒体应用提供了可能。无线网络解决了有线网络中铺设专用通信线路的布线施工难度大、费用高、耗时长等缺点。无线网络从普通手机到多媒体上网，从使用无线局域网到管理各种各样的家用电器，无线网络显示了广阔的应用前景。

与有线网络一样，无线网络也可以分为多种，主要包括无线局域网、无线个域网、无线城域网、无线广域网、移动 Ad Hoc 网络、无线传感器网络和无线 Mesh 网络。

2.5 人工智能技术

2.5.1 人工智能概述

人工智能领域的研究是从 1956 年正式开始的，这一年在达特茅斯大学召开的会议上正式使用了"人工智能"（Artificial Intelligence，AI）这个术语。

人工智能也称机器智能，是计算机科学、控制论、信息论、神经生理学、心理学、语言学等多学科互相渗透而发展起来的一门综合性学科。从计算机应用系统的角度出发，人工智能是研究如何制造智能机器或智能系统来模拟人类智能活动的能力，以延伸人们智能的科学。如果仅从技术的角度来看，人工智能要解决的问题是如何使计算机表现智能化，使计算机能更灵活有效地为人类服务。只要计算机能够表现出与人类相似的智能行为，就算达到了目的，而不在乎在这过程中计算机是依靠某种算法还是真正理解了。人工智能就是计算机科学中涉及研究、设计和应用智能机器的一个分支，人工智能的目标就是研究怎样用计算机来模仿和执行人脑的某些智力功能，并开发相关的技术产品，建立相关的理论。

2.5.2 物联网的智能化模型

1. 感知层

感知层解决的是人类世界和物理世界的数据获取问题，由各种传感器以及传感器网关构成。该层被认为是物联网的核心层，主要是物品标识和信息的智能采集，它由基本的感应器件（如 RFID 标签和读写器、各类传感器、摄像头、GPS、二维码标签和识读器等基本标识以及传感器件组成）以及感应器组成的网络（如 RFID 网络、传感器网络等）两大部分组成。该层的核心技术包括射频技术、新兴传感技术、无线网络组网技术、现场总线控制技术（FCS）等，涉及的核心产品包括传感器、电子标签、传感器节点、无线路由器、无线网关等。

2. 传输层

传输层也被称为网络层，解决的是感知层所获得的数据在一定范围内，通常是长距离的传输问题，主要完成接入和传输功能，是进行信息交换、传递的数据通路，包括接入网与传输网两种。传输网由公网与专网组成,典型传输网络包括电信网(固网、移动网)、广电网、互联网、电力通信网、专用网(数字集群)。接入网包括光纤接入、无线接入、以太网接入、卫星接入等各类接入方式,实现底层的传感器网络、RFID网络的最后一公里的接入。

3. 应用层

应用层也可称为处理层,解决的是信息处理和人机界面的问题。网络层传输而来的数据在这一层里进入各类信息系统进行处理,并通过各种设备与人进行交互。处理层由业务支撑平台(中间件平台)、网络管理平台(如M2M管理平台)、信息处理平台、信息安全平台、服务支撑平台等组成,完成协同、管理、计算、存储、分析、挖掘以及提供面向行业和大众用户的服务等功能,典型技术包括中间件技术、虚拟技术、高可信技术、云计算服务模式、SOA系统架构方法等先进技术和服务模式可被广泛采用。

在各层之间,信息不是单向传递的,可有交互、控制等,所传递的信息多种多样,包括在特定应用系统范围内能唯一标识物品的识别码和物品的静态与动态信息。尽管物联网在智能工业、智能交通、环境保护、公共管理、智能家庭、医疗保健等经济和社会各个领域的应用特点千差万别,但是每个应用的基本架构都包括感知、传输和应用三个层次,各种行业和各种领域的专业应用子网都是基于三层基本架构构建的。

2.5.3 物联网中的人工智能技术

物联网需要来自人工智能技术的研究成果,如问题求解、逻辑推理证明、专家系统、数据挖掘、模式识别、自动推理、机器学习、智能控制等技术。通过对这些技术的应用,使物联网具有人工智能机器的特性,从而实现物联网智能处理数据的能力。特别是在智能物联网发展初期,专家系统、智能控制应该首先被应用到物联网中去,使物联网拥有最基本的智能特性。

1. 物联网专家系统

物联网专家系统是指在物联网上存在一类具有专门知识和经验的计算机智能程序系统或智能机器设备(服务器),通过网络化部署的专家系统来实现物联网数据的基本智能处理,以实现对物联网用户提供智能化专家服务功能。物联网专家系统的特点是实现对多用户的专家服务,其决策数据来源于物联网智能终端的采集数据。物联网专家系统工作原理如图2-3所示。

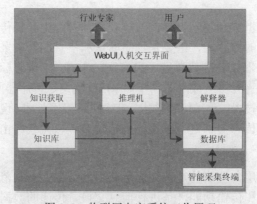

图2-3 物联网专家系统工作原理

图 2-3 中，智能采集终端负责将采集的数据提交给物联网应用数据库。数据库也称为动态库或工作存储器，是反映当前问题求解状态的集合，用于存放系统运行过程中所需要的原始数据等。推理机是实施问题求解的核心执行机构，它实际上是对知识进行解释的程序，根据知识的语义，对按一定策略找到的知识进行解释执行，并把结果记录到数据库的适当空间中。解释器用于对求解过程作出说明并回答用户的提问，两个最基本的问题是"why"和"how"。知识库是问题求解所需要的行业领域知识的集合，包括基本事实、规则和其他有关信息。知识获取负责建立、修改和扩充知识库，是专家系统中把问题求解的各种专门知识从专家的头脑中或其他知识源那里转换到知识库中的一个重要机构。在物联网中引入专家系统，使物联网对其接入的数据具有分析判断并提供决策依据的能力，从而实现物联网初步的智能化。

2. 物联网的智能控制

在物联网的应用中，控制将是物联网的主要环节，如何在物联网中实现智能控制将是物联网发展的关键。将智能控制技术移植到物联网领域将极大丰富物联网的应用价值，接入物联网的设备将接收来自物联网的操作指令，实现无人参与的自我管理和操作。

在物联网的智能控制应用中，智能控制指令主要来自接入物联网的某一个用户或某一类用户，用以实现该类用户的无人值守工作。

物联网智能就是利用人工智能技术服务于物联网络，是将人工智能的理论、方法和技术通过具有智能处理功能的软件在网络服务器中部署，去服务于接入物联网的物品设备和人。物联网智能化要研究解决三个层次的问题：①网络思维；②网络感知；③网络行为。

将人工智能技术的研究成果应用到物联网中去，将单一机器的智能处理技术应用到物联网的智能处理是实现物联网智能化的必经之路，也是物联网技术的核心。物联网智能化的目的是在更广的空间范围内，集中、规模化地利用智能化的网络来处理或管理社会的一些基础设施或为行业服务，从而达到整个社会管理智能化的目的。

2.6 云计算技术

物联网的发展离不开云计算技术的支持。在物联网中，终端的计算和存储能力有限，云计算平台可以作为物联网的大脑，以实现对海量数据的存储和计算。

2.6.1 云计算的概念和原理

云计算（Cloud Computing）是基于互联网的相关服务的增加、使用和交付模式，通常涉及通过互联网来提供动态、易扩展且经常是虚拟化的资源。云是网络、互联网的一种比喻说法。过去在图中往往用云来表示电信网，后来也用来抽象地表示互联网和底层基础设施。狭义的云计算指 IT 基础设施的交付和使用模式，指通过网络以按需、易扩展的方式获得所需资源；广义的云计算指服务的交付和使用模式，通过网络以按需、易扩展的方式获得所需服务。它意味着计算能力可作为一种商品通过互联网进行流通。

（1）服务模式角度：云计算是一种全新的网络服务模式，将传统的以桌面为核心的任务处理转变为以网络为核心的任务处理，利用互联网实现自己想完成的一切处理任务，使网络成为传递服务、计算力和信息的综合媒介，真正实现按需计算、网络协作。

（2）技术角度：云计算是对并行计算（Parallel Computing）、分布式计算（Distributed

Computing）和网格计算（Grid Computing）的发展或商业实现。

云计算的基本原理是，通过使计算分布在大量的分布式计算机上，而非本地计算机或远程服务器中，企业数据中心的运行将与互联网更相似。这使得企业能够将资源切换到需要的应用上，根据需求访问计算机和存储系统。好比是从古老的单台发电机模式转向了电厂集中供电模式。它意味着计算能力也可以作为一种商品进行流通，就像煤气、水、电一样，取用方便，费用低廉。

2.6.2 云计算的特点

云计算具有以下几个主要特征：

（1）资源配置动态化：根据消费者的需求动态划分或释放不同的物理和虚拟资源，当增加一个需求时，可通过增加可用的资源进行匹配，实现资源的快速弹性提供；如果用户不再使用这部分资源时，可释放这些资源。云计算为客户提供的这种能力是无限的，实现了IT资源利用的可扩展性。

（2）需求服务自助化：云计算为客户提供自助化的资源服务，用户无需同提供商交互就可自动得到自助的计算资源能力。同时，云系统为客户提供一定的应用服务目录，客户可采用自助方式选择满足自身需求的服务项目和内容。

（3）以网络为中心：云计算的组件和整体构架由网络连接在一起并存在于网络中，同时通过网络向用户提供服务。客户可借助不同的终端设备，通过标准的应用实现对网络的访问，从而使得云计算的服务无处不在。

（4）服务可计量化：在提供云服务的过程中，针对客户不同的服务类型，通过计量的方法来自动控制和优化资源配置，即资源的使用可被监测和控制，是一种即付即用的服务模式。

（5）资源的池化和透明化：对云服务的提供者而言，各种底层资源（计算、储存、网络、资源逻辑等）的异构性（如果存在某种异构性）被屏蔽，边界被打破，所有的资源可以被统一管理和调度，成为所谓的"资源池"，从而为用户提供按需服务；对用户而言，这些资源是透明的、无限大的，用户无须了解内部结构，只须关心自己的需求是否得到满足即可。

2.6.3 云计算的关键技术

云计算主要有分布式计算、并行计算、网格计算、效用计算、虚拟化等关键技术，这些技术支撑着云计算的高效处理。

（1）分布式计算是利用互联网上计算机CPU的闲置处理能力来解决大型计算问题的一种计算科学。一个工作被分成多个任务包，同时在通过网络连接起来的计算机上运行。

（2）并行计算是通过高速网络相互连接的两个以上的处理机相互协调，同时计算同一个任务的不同部分，从而提高问题求解速度，或者求解单机无法求解的大规模问题。

（3）网格计算是指分布式计算中比较广泛使用的子类型。这种计算模式是利用互联网把分散在不同地理位置的计算机组织成一个"虚拟的超级计算机"，其中每一台参与计算的计算机就是一个"节点"，而整个计算是由成千上万个"节点"组成的"一张网格"。它可以分析来自外太空的电信号，寻找隐蔽的黑洞，并探索可能存在的外星智慧生命；可以寻找最大的质数，破解数学难题；可以分析气候的变化，应对环境问题。

（4）效用计算是一种提供计算资源的商业模式，用户从计算资源供应商获取和使用计算资源并基于实际使用的资源付费。简单来说，它是一种基于资源使用量的付费模式。效用计算主要给用户带来经济效益。

（5）云计算中心使用虚拟化技术管理服务器资源。虚拟化是对计算资源进行抽象的一个广义概念。虚拟化对上层应用或用户隐藏了计算资源的底层属性。它既包括使单个的资源（如一个服务器、一个操作系统、一个应用程序、一个存储设备）划分成多个虚拟资源，也包括将多个资源（如存储设备或服务器）整合成一个虚拟资源。

2.6.4　云计算与物联网的关系

云计算是物联网发展的基石，并且从两个方面促进物联网的实现。

（1）云计算是实现物联网的核心，运用云计算模式使物联网中以兆计算的各类物品的实时动态管理和智能分析成为可能。物联网将射频识别技术、传感技术、纳米技术等新技术充分运用到各行业之中，将各种物体充分连接，并通过无线网络将采集到的各种实时动态信息送达计算机处理中心进行汇总、分析和处理。建设物联网的三大基石包括：传感器等电子元器件；传输的通道，如电信网；高效的、动态的、可以大规模扩展的技术资源处理能力。其中，最后一个基石"高效的、动态的、可以大规模扩展的技术资源处理能力"正是通过云计算模式帮助实现的。

（2）云计算促进物联网和互联网的智能融合，从而构建智慧地球。物联网和互联网的融合需要更高层次的整合，需要"更透彻的感知、更安全的互联互通、更深入的智能化"。这同样需要依靠高效的、动态的、可以大规模扩展的技术资源处理能力，而这正是云计算模式所擅长的。云计算的创新型服务交付模式简化了服务的交付，加强了物联网和互联网之间及其内部的互联互通，可以实现新商业模式的快速创新，促进物联网和互联网的智能融合。

2.6.5　物联网与云计算结合

云计算与物联网各自具备很多优势，如果把云计算与物联网结合起来，云计算其实就相当于一个人的大脑，而物联网就是眼睛、鼻子、耳朵和四肢等。云计算与物联网的结合方式可以分为以下几种：

（1）单中心，多终端：此类模式中，分布范围较小的物联网终端（如传感器、摄像头或3G 手机等）把云中心或部分云中心作为数据处理中心，终端所获得的信息、数据统一由云中心处理及存储，云中心提供统一界面给使用者操作或者查看。

这类应用非常多，如小区及家庭的监控、对某一高速路段的监测、幼儿园小朋友监管以及某些公共设施的保护等。这类应用的云中心可提供海量存储和统一界面、分级管理等功能，可以对日常生活提供较好的帮助。一般此类云中心以私有云居多。

（2）多中心，大量终端：对于很多区域跨度大的企业、单位而言，多中心、大量终端的模式较适合。譬如，一个跨多地区或者多国家的企业，因其分公司或分厂较多，要对各公司或工厂的生产流程进行监控，要对相关的产品进行质量跟踪等。

当然，有些数据或者信息需要及时甚至实时共享给各个终端的使用者也可采取这种方式。例如，北京地震中心探测到某地和某地 10 分钟后会有地震，只需要通过这种途径，仅仅十几秒就能将探测情况发出，尽量避免不必要的损失。中国联通的"互联云"思想就是基于此思路提出的。这个模式的前提是云中心必须包含公共云和私有云，并且它们之间的互联没有障碍。这样，对于有些机密的事情，如企业机密等可较好地保密，而又不影响信息的传递与传播。

（3）信息、应用分层处理，海量终端：这种模式是针对用户范围广、信息及数据种类多、安全性要求高等特征来打造的。当前，客户对各种海量数据的处理需求越来越多，针对此情况，可以根据客户需求及云中心的分布进行合理分配。

对需要大量数据传送，但是安全性要求不高的信息和数据，如视频数据、游戏数据等，可以采取本地云中心处理或存储。对于计算要求高、数据量不大的信息和数据，可以放在专门负责高端运算的云中心里。而对于数据安全要求非常高的信息和数据，可以放在具有灾备中心的云中心里。此模式是根据具体应用模式和场景，对各种信息、数据进行分类处理，然后选择相关的途径给相应的终端。

第 3 章
软件开发基础

3.1 C# 开发语言

C#与C++很相似,还借鉴了Java的许多特点。但是C#比C++更安全,比Java更高效,特别适合于Windows环境下的.NET编程。

眼看Java占领了利润丰厚的服务器端编程的大部分市场,微软公司心有不甘。为了与Sun公司的Java和J2EE竞争,1996年Bill Gates(比尔·盖茨)用重金从Borland公司挖来Anders Hejlsberg(Turbo Pascal和Delphi的开发者,丹麦人)。Hejlsberg转到微软公司后,先后主持开发和设计了Visual J++(1997年)和.NET框架中的CLI、C#语言(2000年)。

C#语言源自C++,C#的很多内容都与Java相似,如虚拟机、垃圾内存收集、接口、GUI支持。与Java不同的是C#保留了指针,不过限制了指针的使用。C#还引入了值类型、引用类型、元数据、装箱和拆箱转换等概念。

C#是一种面向对象的程序设计语言,最初是作为.NET的一部分而开发的。换句话说,.NET是围绕C#而开发的。C#面向过程和对象的语法是基于C++的,也包含了另外几种程序设计语言的特征(其中最显著的是Delphi、Visual Basic和Java)。C#特别强调简易性,如所需符号比C++的少、所需修饰比Java的少。

从某种意义上来说,C#是最直接地反映了底层CLI的一种程序设计语言,它非常依赖于.NET框架,因为它被特意设计成能充分利用CLI所提供特征的一种语言。例如,绝大多数的C#内置类型都对应于CLI框架所实现的值类型。

用C#编写的应用程序,需要CLR的一个实现才能运行。这与Java的虚拟机JVM有点相似,但是与Java不同的是,CLI应用程序要被编译两遍:第一遍由C#编译器将C#源程序编译成平台抽象字节码,即IL(Intermediate Language,中间语言)代码,存放在PE(Portable Executable,可移植可执行)文件中(似Java的.class);第二遍在应用程序首次运行时,由CLR的JIT编译器,将IL代码编译成本地客户端的机器代码。

Visual C# 1.0是随.NET框架1.0和Visual Studio .NET 2002一起推出的;Visual C# 1.1是随.NET框架1.1和Visual Studio .NET 2003一起推出的;Visual C# 2.0是随.NET框架2.0和Visual Studio 2005一起推出的;Visual C# 3.0是随.NET框架3.5和Visual Studio 2008一起推出的。

C#语言已于2001年12月成为欧洲标准:ECMA-334 C# Language Specification(C#语言规范),2002年12月、2005年6月和2006年6月又分别推出第2版、第3版和第4版。2003年4月,C#成为国际标准:ISO/IEC 23270:2003 Information technology — C# Language Specification(信息技术——C#语言规范),2006年9月又推出第2版ISO/IEC 23270:2006。

1. C#的设计目标

（1）C#被确定为一种简单、现代、通用、面向对象的编程语言。

（2）C#语言及其实现应该为强类型检查、数组界限检查、发现使用未初始化变量、自动垃圾回收等软件工程原则提供支持。

（3）C#语言适用于分布式环境中的软件组件开发。

（4）C#语言源代码的可移植性是非常重要的，程序员的转移也同样重要，特别是对那些已经非常熟悉 C 和 C++的程序员。

（5）C#语言支持国际化是非常重要的。

（6）C#适用于为主机和嵌入式系统编写应用程序，范围从非常大的复杂操作系统到非常小的专用功能。

（7）虽然 C#应用程序致力于在内存和处理能力需求上的经济性，但是该语言并不想与 C 语言或汇编语言在性能和大小方面进行直接竞争。

2. C#的特点

（1）简单：相对于复杂的 C++，C#语言简单、开发高效。例如，在安全上下文中，C#没有指针，不允许直接存取内存。用统一的"."操作符代替了 C++中的"::"、"."和"→"操作符。使用统一的类型系统，抛弃了 C++的多变类型系统（如 int 的字节数、0/1 转布尔值等）。

（2）现代：很大程度上由.NET 框架体现，如支持组件编程、泛型编程、分布式计算、XML 处理和 B/S 应用等。

（3）面向对象：C#全面支持面向对象的功能。与 C++相比，C#没有全局变量和全局函数等，所有的代码都必须封装在类中（甚至包括入口函数 Main 方法），不能重写非虚拟的方法，增加了访问修饰符 internal，不支持多重类继承（似 Java，用多重接口实现来代替）。

（4）类型安全：C#实施严格类型安全，如取消了不安全的类型转换，不允许使用未初始化的变量，进行边界检查（如不让数组越界）。

3. C#的优势

用 C#进行托管代码编程，具有如下优势：完全面向对象的设计，非常强的类型安全，很好地融合了 VB 和 C++的强大功能，垃圾内存回收，类似于 C++的语法和关键字，用委托取代函数指针增强了类型安全，为程序员提供版本处理技术解决老版本的程序不能在新 DLL 下运行的"动态链接库地狱"（DLL Hell）问题。

4. C#的版本与功能

Visual C#随.NET 的开发工具 Visual Studio 一起推出，有如下几个版本：

1.0 版随 Visual Studio .NET 2002 于 2002 年 2 月 13 日发布。

1.5 版随 Visual Studio .NET 2003 于 2003 年 5 月 20 日发布。

2.0 版随 Visual Studio 2005 于 2005 年 11 月 7 日发布。

3.0 版随 Visual Studio 2008 于 2007 年 11 月 16 日发布。

4.0 版随 Visual Studio 2010 于 2010 年 3 月发布。

下面罗列 Visual C#的各个主要版本的新增特点和功能。

（1）C# 1.0：与 C 和 C++比较，C#在许多方面有所限制和增强，包括：

1）指针：C#真正支持指针，但是其指针只能在非安全作用域中使用，而只有具有适当权限的程序，才可以执行标记为非安全的代码。绝大多数对象的访问是通过安全的引用来进行的，而引用是不会造成无效的，而且大多数算法都是要进行溢出检查的。一个非安全指针不仅可以指向值类型，还可以指向子类和 System.Object。

2）托管：在 C#中，托管内存不能显式释放，取而代之的是（当再没有内存的引用存在时）垃圾收集。但是，引用非托管资源的对象，如 HBRUSH，是可以通过标准的 IDisposable 接口的指示来释放指定内存的。

3）多重继承：在 C#中多重继承被禁止（尽管一个类可以实现任意数目的接口，这点似 Java），这样做的目的是为了避免复杂性和依存地狱，也是为了简化对 CLI 的结构需求。

4）转换：C#比 C++更类型安全，唯一的默认隐式转换也是安全转换。例如，加宽整数和从一个派生类型转换到一个基类（这是在 JIT 编译期间间接强制进行的）。在布尔和整数之间、枚举和整数之间都不存在隐式转换，而且任何用户定义的隐式转换都必须显式地标出。

5）数组声明：和 C/C++的数组声明的语法不同，C#中用"int[]a=new int[5];"代替了 C/C++的"int a[5];"。

6）枚举：C#中的枚举被放入它们自己的命名空间。

7）特性：可在 C#中使用特性（properties，属性集）访问类似于 C++中成员域，与 VB 相似。

8）类型反射与发现：在 C# 中可以使用完整的类型反射与发现，这些都会用到元数据所提供的信息。

9）模板：为了简单性，C# 1.0 中不支持模板等泛型编程技术。

（2）C#1.5 版的新增功能：/** */文档注释符、#line hidden 预处理指令、/nowarn 和/nostdlib 编译指令、Web 窗体、XML Web 服务、ADO.NET、可用 Windows 窗体和框架创建分布式应用程序的表示层、可创建各种 Windows 和 ASP.NET Web 应用程序和控件的项目模板、可使用非可视组件和相关功能将消息队列、事件日志和性能计时器等资源合并到应用程序中、通过组件设计器和框架类为创建组件提供 RAD 支持。

（3）C# 2.0 的新特征：

1）部分类：一个类可分开到多个文件中实现。

2）泛型：C#从 2.0 起，开始支持泛型或参数类型。C#还支持一些 C++模板不支持的特性，例如对泛型参数的类型约束。另一方面，C#的表达式不能用做泛型参数，而这在 C++中却是允许的。C#的参数化的类型为虚拟机的首个类对象，允许优化和保存类型信息，这一点与 Java 不同。

3）关键字 yield：迭代器的一种新形式，可通过功能类型的关键字 yield 来使用协同例程。

4）匿名委托：提供了闭包功能。

5）结合运算符：返回表中的第一个非空值，例如：

object nullObj = null;

object obj = new Object（）;

return nullObj ?? obj // returns obj;

6）可空值类型——可空值类型由问号"？"来标记（例如，int? i = null;），它可以改善与 SQL 数据库的交互。

（4）C# 3.0 的新特征：

1）LINQ（Language Integrated Query，语言集成查询）——"from, where, select"上下文敏

感的关键字，允许在 SQL、XML、集合等之间进行查询。

2）对象初始化——如 Customer c = new Customer（）; c.Name = "James"; 可被写成 Customer c = new Customer { Name="James" };。

3）集合初始化——如 MyList list = new MyList（）; list.Add（1）; list.Add（2）; 可被写成 MyList list = new MyList { 1, 2 };。

4）匿名类型——如 var x = new { Name = "James" };。

5）局部变量类型推论——如 var x = "hello";等价于 string x = "hello";，该特性在匿名类型变量的声明中需要。

6）隐含类型的数组——数组的类型现在可以省略，所以 int[] arr = new int[] { 1, 2, 3 }; 现在可以写成 var arr = new[] { 1, 2, 3 };。

7）λ表达式——如 listOfFoo.Where（delegate（Foo x）{ return x.Size > 10; }）可被写成 listOfFoo.Where（x => x.Size > 10）;。

8）编译器推断——翻译λ表达式到强类型函数或强类型表达式树。

9）自动属性——编译器会自动生成一个私有实例变量，而且给出适当的获取器和设置器代码，例如 public string Name { get; private set; };。

10）扩展方法——通过在另一个静态类的一个方法的首个参数中包含 this 关键字，来将方法添加到类中。如

```
public static class IntExtensions {
    public static void PrintPlusOne（this int x） {
        Console.WriteLine（x + 1）;
    }
}
int foo = 0;
foo.PrintPlusOne（）;
```

11）部分方法——允许代码生成器生成方法的声明作为扩展点，如果有人在另一个部分类中实际实现它，则其只被包含在源代码编译中。

（5）4.0 版增加的新特性:

1）动态支持——通过引进新类型 Dynamic 来提供对动态类型延迟绑定的支持。

2）Office 可编程性——通过添加命名和可选的参数、Dynamic 类型、索引属性和可选的 ref 修饰符，大大增强了访问 COM 接口（包括 Office 自动化 API 在内）的能力。

3）类型等价支持——可配置应用程序的内置类型信息，以代替从 PIA（Primary Interop Assembly，主互操作程序集）导入的类型信息。

4）协变与逆变——协变是你能够使用更多的派生类型而不是由泛型参数指定，协变让你使用更少的派生类型。

C#与 C++很相似，还借鉴了 Java 的许多特点。但是 C#比 C++更安全，比 Java 更高效，特别适合于 Windows 环境下的.NET 编程。

3.2 PHP 开发语言

PHP（PHP: Hypertext Preprocessor，超文本预处理器）是一种通用开源脚本语言。语法吸收了 C 语言、Java 和 Perl 的特点，具有入门门槛较低、易于学习、使用广泛等优点，主要

适用于 Web 开发领域。同时，PHP 具有非常强大的功能，所有的 CGI 功能 PHP 都能实现，而且支持几乎所有流行的数据库及操作系统。

PHP 于 1994 年由 Rasmus Lerdorf 创建，开始只是创建者用来统计他自己网站上的访问者，后来用 C 语言重新编写，包括可以访问数据库。在 1995 年以 Personal Home Page Tools（PHP Tools）开始对外发表第一个版本，Lerdorf 写了一些介绍此程序的文档，并且发布了 PHP 1.0。在这个早期的版本中，提供了访客留言本、访客计数器等简单的功能。随着使用 PHP 网站的增加，PHP 增加了一些新的特性，如循环语句和数组变量等，在新的成员加入开发行列之后，在 1995 年年中发布了 PHP 2.0，定名为 PHP/FI（Form Interpreter）。PHP/FI 加入了对 mySQL 的支持，从此建立了 PHP 在动态网页开发上的地位。到了 1996 年底，有 15 000 个网站使用 PHP/FI；1997 年年中，使用 PHP/FI 的网站数量超过五万个。而在 1997 年年中，开始了第三版的开发计划，开发小组加入了 Zeev Suraski 及 Andi Gutmans，第三版就定名为 PHP 3.0。2000 年，PHP 4.0 问世了，其中增加了许多新的特性。

2004 年 7 月 13 日释出了 PHP 5.0，PHP 5.0 使用了第二代的 Zend Engine（Zend Engine 是 PHP 4 所有版本使用的内部引擎）。目前 PHP 4 已经不继续更新，以鼓励用户转移到 PHP 5。

2008 年 PHP 5 成为了 PHP 唯一的继续开发的 PHP 版本。PHP 6 的开发也正在进行中，主要的改进有移除 register_globals、magic quotes 和 Safe mode 的功能。

PHP 主要有以下特点：

（1）开放的源代码：所有的 PHP 源代码事实上都可以得到。

（2）PHP 是免费的：和其他技术相比，PHP 本身免费。

（3）PHP 的快捷性：程序开发快，运行快，技术本身学习快。因为 PHP 可以嵌入 HTML 语言，它相对于其他语言，编辑简单，实用性强，更适合初学者。

（4）跨平台性强：由于 PHP 是运行在服务器端的脚本，可以运行在 Unix、Linux、Windows 下。

（5）效率高：PHP 消耗相当少的系统资源。

（6）图像处理：用 PHP 动态创建图像。

（7）面向对象：在 PHP 4、PHP 5 中，面向对象方面都有了很大的改进，现在 PHP 完全可以用来开发大型商业程序。

（8）专业专注：PHP 支持脚本语言为主，同为类 C 语言。

第 4 章
数据库基础

4.1 数据库概述

4.1.1 数据库的相关概念

数据库（Database，DB）是一个储存数据的"仓库"，仓库中不但有数据，而且数据被分门别类、有条不紊地保存。可以这样定义数据库：数据库是保存在磁盘等外存介质上的数据集合，它能被各类用户所共享；数据的冗余被降到最低，数据之间有紧密的联系；用户通过数据库管理系统对其进行访问。一个完整的数据库系统由 3 部分组成：数据库、数据库管理系统、数据库应用，三者的关系如图 4-1 所示。

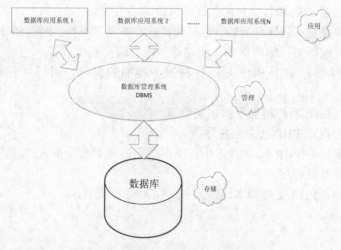

图 4-1　数据库系统的三个组成部分

1．数据库

数据以表的形式保存在数据库中。数据表的结构保证了表中数据是有组织、有条理的，每个数据都有其确切的含义。在目前流行的数据库系统中，用户一般无法得知数据的真实物理地址，必须通过数据库管理系统访问数据库。

2．数据库管理系统

一个实际运行中的数据库有复杂的结构和存储方式，用户如果直接访问数据库中的数据是很困难的。数据库管理系统（Database Management System，DBMS）是一个商业软件，它如同一座桥梁，一端连接面向用户的数据库应用，另一端连接数据库。数据库管理系统将数据库复杂的物理结构和存储格式封装起来,用户访问数据库时只需发出简单的指令,这些指令由数据库管理系统自动译成机器代码并执行,用户不必关心数据的存储方式、物理位置和执行过程,这使数据库系统的运行效率和空间资源得到了充分、合理的使用。

  3．数据库应用

  数据库应用是指用户对数据库的各种操作,其方式有多种,包括通过交互式命令、各类向导和视图、SQL 命令以及为非计算机专业用户开发的应用程序,这些程序可以用数据库管理系统内嵌的程序设计语言编写,也可以用其他程序语言编写。

4.1.2　数据库模型

  从数据库的逻辑结构角度,可以对数据库中的实体类型、实体间关系以及数据的约束规则进行抽象,归纳出 3 种数据模型,分别是层次模型、网状模型和关系模型。

  (1) 层次模型:在层次模型中,实体间的关系形同一棵根在上的倒挂树,上一层实体与下一层实体间的联系形式为一对多。现实世界中的组织机构设置、行政区划关系等都是层次结构应用的实例。基于层次模型的数据库系统存在先天的缺陷,它访问过程复杂,软件设计的工作量较大,现已较少使用。

  (2) 网状模型:网状模型也称网络数据模型,它较容易实现普遍存在的"多对多"关系,数据存取方式优于层次模型,但网状结构过于复杂,难以实现数据结构的独立,即数据结构的描述保存在程序中,改变结构就要改变程序,因此目前已不再流行。

  (3) 关系模型:关系模型自 1970 年被提出后,迅速取代层次模型和网状模型成为流行的数据模型。它的原理比较简单,其特征是基于二维表格形式的实体集,即关系模型数据库中的数据均以表格的形式存在。其中,表完全是一个逻辑结构,用户和程序员不必了解一个表的物理细节和存储方式;表的结构由数据库管理系统自动管理,表结构的改变一般不涉及应用程序(在数据库技术中称为数据独立性)。例如,"导师"表中"姓名"字段原来可以容纳 3 个字符(在 Unicode 编码中,一个字符既可以表示一个英文字符,也可以表示一个汉字),随着外籍教师的引进,原来的"姓名"显然无法容纳一个西文的名字,于是将其扩展到 20 个字符,相应的数据库应用程序却无须作任何改动。基于关系数据模型的数据库系统称关系数据库系统,所有的数据分散保存在若干个独立存储的表中,表与表之间通过公共属性实现"松散"的联系,当部分表的存储位置、数据内容发生变化时,表间的关系并不改变。这种联系方式可以将数据冗余(即数据的重复)降到最低。目前流行的关系数据库产品包括 Access、SQL Server、FoxPro、Oracle 等。

4.1.3　SQL 语言基础

  结构化查询语言简称"SQL",最早是圣约瑟研究实验室为其关系数据库系统 SYSTEM R 开发的一种查询语言。如今的数据库,无论是大型的数据库,如 Oracle、Sybase、Informix、SQL Server,还是 Visual Foxpro、PowerBuilder 这些计算机上常用的数据库开发系统,都支持 SQL 语言作为查询语言。

  SQL 是高级的非过程化编程语言,允许用户在高层数据结构上工作,它不要求用户指定对数据的存放方法,也不需要用户了解具体的数据存放方式,所以具有完全不同的底层结构的数据库系统都可以使用相同的 SQL 语言作为数据输入与管理的接口。它以记录集作为操作对象，所有 SQL 语句接受集合作为输入，返回集合作为输出，这种集合特性允许一条 SQL 语句的输出作为另一条 SQL 语句的输入，所以 SQL 语言可以嵌套，这也使 SQL 语句具有极大的灵活性和强大的功能。在多数情况下，在其他语言中需要一大段程序实现的一个单独事件只需要一个 SQL 语句就可以达到目的，这也意味着用 SQL 语言可以写出非常复杂的语句。

4.2 典型数据库介绍

4.2.1 SQL Server 2008 数据库

Microsoft SQL Server 是一个提供了联机事务处理、数据仓库、电子商务应用的数据库和数据分析的平台。体系架构是描述系统组成要素和要素之间关系的方式。Microsoft SQL Server 的体系结构是对 Microsoft SQL Server 的主要组成部分和这些组成部分之间关系的描述。

Microsoft SQL Server 2008 系统由 4 个主要部分组成。这 4 个部分被称为 4 个服务，分别是数据库引擎、分析服务、报表服务和集成服务。这些服务之间相互存在和相互应用，其体系结构示意图如图 4-2 所示。

（1）数据库引擎（SQL Server Database Engine，SSDE）是 Microsoft SQL Server 2008 系统的核心服务，负责完成业务数据的存储、处理、查询和安全管理等操作。创建数据库、创建表、执行各种数据查询、访问数据库等操作，都是由数据库引擎完成的。在大多数情况下，使用数据库系统实际上就是使用数据库引擎。例如，在某个使用 Microsoft SQL Server 2008 系统作为后台数据库的航空公司机票销售信息系统中，Microsoft SQL Server 2008 系统的数据库引擎服务负责完成机票销售数据的添加、更新、删除、查询及安全控制等操作。

图 4-2　Microsoft SQL Server 2008 系统的体系结构示意

实际上，数据库引擎本身也是一个复杂的系统，它包括了许多功能组件，如 Service Broker、复制等。Service Broker 提供了异步通信机制，可以用于存储、传递消息。复制是指在不同的数据库之间对数据和数据库对象进行复制和分发，保证数据库之间同步和数据一致性的技术。复制经常用于物理位置不同的服务器之间的数据分发，它可以通过局域网、广域网、拨号连接、无线连接和互联网分发到不同位置的远程或移动用户。

（2）分析服务（SQL Server Analysis Services，SSAS）提供了多维分析和数据挖掘功能，可以支持用户建立数据仓库和进行商业智能分析。相对多维分析（有时也称为 OLAP，即 Online Analysis Processing，中文直译为联机分析处理）来说，OLTP（Online Transaction Processing，联机事务处理）是由数据库引擎负责完成的。使用分析服务，可以设计、创建和管理包含来自于其他数据源数据的多维结构，通过对多维数据进行多个角度的分析，可以支持管理人员对业务数据更全面的理解。另外，通过使用分析服务，用户可以完成数据挖掘模型的构造和应用，实现知识发现、知识表示、知识管理和知识共享。例如，在航空公司的机票销售信息系统中，可以使用 Microsoft SQL Server 2008 系统提供的分析服务完成对客户的数据挖掘分析，可以发现更多有价值的信息和知识，为客户提供更全面满意的服务和关怀，从而为有效管理客户资源、减少客户流失、提高客户管理水平提供支持。

（3）报表服务（SQL Server Reporting Services，SSRS）为用户提供了支持 Web 的企业级报表功能。通过使用 Microsoft SQL Server 2008 系统提供的报表服务，用户可以方便地定义和发布满足自己需求的报表。无论是报表的布局格式还是报表的数据源，用户都可以轻松地实现。这种服务极大地便利了企业的管理工作，满足了管理人员高效、规范的管理需求。例如，在航空公司的机票销售信息系统中，使用 Microsoft SQL Server 2008 系统提供的报表服务可以方便地生成 Word、PDF、Excel、XML 等格式的报表。

（4）集成服务（SQL Server Integration Services，SSIS）是一个数据集成平台，可以完成有关数据的提取、转换、加载等。例如，对于分析服务来说，数据库引擎是一个重要的数据源，如何将数据源中的数据经过适当地处理加载到分析服务中以便进行各种分析处理，这正是集成服务所要解决的问题。更重要的是，集成服务可以高效地处理各种各样的数据源，除了 Microsoft SQL Server 数据之外，还可以处理 Oracle、Excel、XML 文档、文本文件等数据源中的数据。

4.2.2 MySQL 数据库

MySQL 是一个精巧的 SQL 数据库管理系统。由于它的强大功能、灵活性、丰富的应用编程接口（API）以及精巧的系统结构，受到了广大自由软件爱好者甚至商业软件用户的青睐，特别是与 Apache 和 PHP/PERL 结合，为建立基于数据库的动态网站提供了强大动力。

MySQL 是一个真正的多用户、多线程 SQL 数据库服务器。SQL 是世界上最流行的和标准化数据库语言，它使得存储、更新和存取信息更容易。例如，你能用 SQL 语言为一个网站检索产品信息及存储顾客信息。

MySQL 的主要目标是快速、健壮和易用，在将 MySQL 与其他数据库系统进行比较时，所要考虑的最重要的因素是性能、支持、特性（与 SQL 的一致性、扩展等）、认证条件和约束条件、价格等。相比之下，MySQL 具有许多优势：

（1）速度快：MySQL 运行速度很快。

（2）容易使用：MySQL 是一个高性能且操作相对简单的数据库系统，与一些更大系统的设置和管理相比，其复杂程度较低。

（3）价格低：MySQL 对多数个人用户来说是免费的。

（4）支持查询语言：MySQL 可以利用 SQL，也可以利用支持 ODBC（开放式数据库连接）的应用程序。ODBC 是 Microsoft 开发的一种数据库通信协议。

（5）性能好：许多客户机可同时连接到服务器。多个客户机可同时使用多个数据库。可利用几个输入查询并查看结果的界面来交互式地访问 MySQL。

（6）连接性和安全性：MySQL 是完全网络化的，其数据库可在互联网上的任何地方访问，因此，可以和任何地方的任何人共享数据库。而且 MySQL 还能进行访问控制，可以控制哪些人不能看到数据。

（7）可移植性：MySQL 可运行在各种版本的 Unix 以及其他非 Unix 的系统（如 Windows 和 OS/2）上。

第 5 章
Web Services 与 SOA

5.1 SOA

　　SOA（面向服务架构）是指为了解决在互联网环境下业务集成的需要，通过连接能完成特定任务的独立功能实体实现的一种软件体系架构。SOA 是一个组件模型，它将应用程序的不同功能单元（称为服务）通过这些服务之间定义好的接口和契约联系起来。接口是采用中立的方式进行定义的，它应该独立于实现服务的硬件平台、操作系统和编程语言。这使得构建在各种系统中的服务可以以一种统一和通用的方式进行交互。

　　传统的 Web 技术（HTML/HTTP）有效地解决了人与信息系统的交互和沟通问题，极大地促进了 B2C 模式的发展。Web 服务技术（XML/SOAP/WSDL）则是要有效地解决信息系统之间的交互和沟通问题，促进 B2B/EAI/CB2C 的发展。SOA 是采用面向服务的商业建模技术和 Web 服务技术，实现系统之间的松耦合、整合与协同。Web 服务和 SOA 的本质思路在于使信息系统个体在能够沟通的基础上形成协同工作。

　　对于面向同步和异步应用的基于请求/响应模式的分布式计算来说，SOA 是一场革命。一个应用程序的业务逻辑或某些单独的功能被模块化并作为服务呈现给消费者或客户端。这些服务的关键是它们的松耦合特性。例如，服务的接口和实现相独立。应用开发人员或者系统集成者可以通过组合一个或多个服务来构建应用，而无须理解服务的底层实现。举例来说，一个服务可以用.NET 或 J2EE 来实现，而使用该服务的应用程序可以在不同的平台之上，使用的语言也可以不同。

5.1.1 SOA 的体系结构

1. SOA 的体系结构中的角色

　　（1）服务请求者：服务请求者是一个应用程序、一个软件模块或需要一个服务的另一个服务。它发起对注册中心服务的查询，通过传输绑定服务，并且执行服务功能。服务请求者根据接口契约来执行服务。

　　（2）服务提供者：服务提供者是一个可通过网络寻址的实体，它接受和执行来自请求者的请求。它将自己的服务和接口契约发布到服务注册中心，以便服务请求者可以发现和访问该服务。

　　（3）服务注册中心：服务注册中心是服务发现的支持者。它包含一个可用服务的存储库，并允许感兴趣的服务请求者查找服务提供者接口。

　　面向服务的体系结构中的每个实体都扮演着服务提供者、请求者和注册中心这三种角色中的某一种(或多种)。

2. 面向服务的体系结构中的操作

(1) 发布:为了使服务可访问,需要发布服务描述以使服务请求者可以发现和调用它。

(2) 查询:服务请求者定位服务,方法是查询服务注册中心来找到满足其标准的服务。

(3) 绑定和调用:在检索完服务描述之后,服务请求者继续根据服务描述中的信息来调用服务。

3. 面向服务的体系结构中的构件

(1) 服务:可以通过已发布接口使用服务,并且允许服务使用者调用服务。

(2) 服务描述:服务描述指定服务使用者与服务提供者交互的方式。它指定来自服务的请求和响应的格式。服务描述可以指定一组前提条件、后置条件、服务质量级别。

5.1.2 SOA 三大基本特征

1. 独立的功能实体

在互联网使用环境中,任何访问请求都有可能出错,因此任何企图通过互联网进行控制的结构都会面临严重的稳定性问题。SOA 非常强调架构中提供服务的功能实体的完全独立自主能力。传统的组件技术,如.NET Remoting、EJB、COM 或 CORBA,都需要有一个宿主(Host 或者 Server)来存放和管理这些功能实体;当这些宿主运行结束时,这些组件的寿命也随之结束。这样当宿主本身或者其他功能部分出现问题的时候,在该宿主上运行的其他应用服务就会受到影响。

SOA 架构非常强调实体自我管理和恢复能力。常见的用来进行自我恢复的技术,如事务处理(Transaction)、消息队列(Message Queue)、冗余部署(Redundant Deployment)和集群系统(Cluster)在 SOA 中都起到至关重要的作用。

2. 大数据量低频率访问

对于.NET Remoting、EJB 或 XML-RPC 这些传统的分布式计算模型而言,它们的服务提供都是通过函数调用的方式进行的,一个功能的完成往往需要通过客户端和服务器来回很多次函数调用才能完成。在互联网环境下,这些调用给系统的响应速度和稳定性带来的影响都可以忽略不计,但是在互联网环境下这些因素往往是决定整个系统是否能正常工作的一个决定因素。因此 SOA 系统推荐采用大数据量的方式一次性进行信息交换。

3. 基于文本的消息传递

由于互联网中大量异构系统的存在决定了 SOA 系统必须采用基于文本而非二进制的消息传递方式。在 COM、CORBA 这些传统的组件模型中,从服务器端传往客户端的是一个二进制编码的对象,在客户端通过调用这个对象的方法来完成某些功能;但是在互联网环境下,不同语言、不同平台对数据甚至是一些基本数据类型定义不同,给不同的服务之间传递对象带来了很大困难。由于基于文本的消息本身是不包含任何处理逻辑和数据类型的,因此服务间只传递文本,对数据的处理依赖于接收端。

此外,对于一个服务来说,互联网与局域网最大的一个区别就是在互联网上的版本管理极其困难,传统软件采用的升级方式在这种松散的分布式环境中几乎无法进行。采用基于文本的消息传递方式,数据处理端可以只选择性地处理自己理解的那部分数据,而忽略其他数据，从而得到非常理想的兼容性。

5.1.3 SOA 的原则

SOA 是一种企业架构，它是从企业的需求开始的。但是，SOA 和其他企业架构方法的不同之处在于 SOA 提供的业务敏捷性。业务敏捷性是指企业对变更快速和有效地进行响应，并且利用变更来得到竞争优势的能力。对架构设计师来说，创建一个业务敏捷的架构意味着创建一个可以满足当前还未知的业务需求的架构。

要满足这种业务敏捷性，SOA 的实践必须遵循以下原则：

1．业务驱动服务，服务驱动技术

从本质上说，在抽象层次上，服务位于业务和技术中间。面向服务的架构设计师一方面必须理解在业务需求和可以提供的服务之间的动态关系；另一方面，同样要理解服务与提供这些服务的底层技术之间的关系。

2．业务敏捷是基本的业务需求

SOA 考虑的是下一个抽象层次：提供响应变化需求的能力是新的"元需求"，而不是处理一些业务上的固定不变的需求。硬件系统上的整个架构都必须满足业务敏捷的需求，因为，在 SOA 中任何瓶颈都会影响到整个 IT 环境的灵活性。

3．一个成功的 SOA 总在变化之中

SOA 工作的场景更像是一个活的生物体，而不是传统所说的"盖一栋房子"。IT 环境唯一不变的就是变化，因此面向服务架构设计师的工作永远不会结束。

5.2 Web Services

Web Services 是一个平台独立的、低耦合的、自包含的基于可编程的 Web 应用程序，可使用开放的 XML（标准通用标记语言下的一个子集）标准来描述、发布、发现、协调和配置这些应用程序，用于开发分布式的互操作的应用程序。其主要是为了使原来各孤立的站点之间的信息能够相互通信、共享而提出的一种接口。Web Services 结构如图 5-1 所示。Web Services 所使用的是互联网上统一、开放的标准，如 HTTP、XML、SOAP（Simple Object Access Protocal，简单对象访问协议）、WSDL 等，所以 Web Services 可以在任何支持这些标准的环境（如 Windows、Linux）中使用。

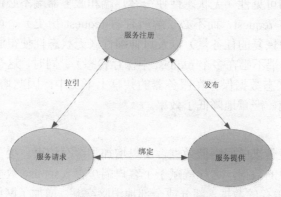

图 5-1 Web services 结构

其中，SOAP 是一个用于分散和分布式环境下网络信息交换的基于 XML 的通信协议。在此协议下，软件组件或应用程序能够通过标准的 HTTP 进行通信。它的设计目标就是简单性和扩展性，这有助于大量异构程序和平台之间的相互操作性，从而使存在的应用程序能够被广泛的用户访问。WSDL（Web Service Definition Language，网络服务描述语言）是一个用来描述 Web 服务和说明如何与 Web 服务通信的 XML 语言。

5.3 REST 架构

5.3.1 REST 概述

REST 是英文 Representational State Transfer 的缩写，中文翻译为"表述性状态转移"，是 Web Services 的一种设计风格，是由 Roy Thomas Fielding 博士在他的论文《Architectural Styles and the Design of Network-based Software Architectures》中提出的一个术语。因为 REST 模式与复杂的 SOAP 和 XML-RPC 相比更加简洁，越来越多的 Web 服务开始采用 REST 风格设计和实现。例如，www.amazon.com 提供接近 REST 风格的 Web 服务进行图书查找；雅虎提供的 Web 服务也是 REST 风格的。

REST 巧妙地借助了已经验证过的成功的 Web 基础设施——HTTP。Web 上所有的东西（页面、图像等）本质上都是资源。而 REST 正是基于命名资源而非消息，这就限制了底层技术的曝光，从而给应用程序设计中的松耦合提供了便利条件。REST 的魅力在于任何东西都可以成为资源，且表示方法也可以不同。

5.3.2 REST 的优势

REST 改善了用户接口跨多个平台的可移植性，并且通过简化服务器组件，改善了系统的可伸缩性。最为关键的是通过分离用户接口和数据存储这两个关注点，使得不同用户终端享受相同数据成为了可能。

1. 无状态性

无状态性是在客户、服务器约束的基础上添加的又一层规范。它要求通信必须在本质上是无状态的，即从客户到服务器的每个 request 都必须包含理解该 request 所必需的所有信息。这个规范改善了系统的可见性（无状态性使得客户端和服务器端不必保存对方的详细信息，服务器只需要处理当前 request，而不必了解所有的 request 历史）、可靠性（无状态性减少了服务器从局部错误中恢复的任务量）以及可伸缩性（无状态性使得服务器端可以很容易地释放资源，因为服务器端不必在多个 request 中保存状态）。同时，这个规范的缺点也是显而易见的，由于不能将状态数据保存在服务器的共享上下文中，因此增加了在一系列 request 中发送重复数据的开销，严重地降低了效率。

2. 缓存

为了改善无状态性带来的网络低效性，所以增加了缓存约束。缓存约束允许隐式或显式地标记一个 response 中的数据，这样就赋予了客户端缓存 response 数据的功能，这样就可以为以后的 request 共用缓存的数据，部分或全部地消除交互，增加了网络的效率。但是客户端缓存了信息，也就同时增加了客户端与服务器端数据不一致的可能，从而降低了可靠性。

3. 统一接口

REST 架构的核心特征就是强调组件之间有一个统一的接口，这表现为在 REST 世界里，网络上所有的事物都被抽象为资源，而 REST 通过通用的链接器接口对资源进行操作。这样设计的好处是保证系统提供的服务都是解耦的，极大地简化了系统，从而改善了系统的交互性和可重用性。并且，REST 针对 Web 的常见情况做了优化，使得 REST 接口被设计为可以高效地转移大粒度的超媒体数据，因此 REST 接口对其他架构来说并不是最优的。

4. 分层系统

分层系统规则的加入提高了各种层次之间的独立性，为整个系统的复杂性设置了边界，通过封装遗留的服务，使新的服务器免受遗留客户端的影响，这也就提高了系统的可伸缩性。

5. 按需代码

REST 允许对客户端功能进行扩展。例如，通过下载并执行 Applet 或脚本形式的代码来扩展客户端功能。但这在改善系统可扩展性的同时，也降低了可见性。所以它只是 REST 的一个可选的约束。

6. REST 规范接口

每个资源都有对应的 URI，不同的 HTTP Method 对应对资源不同的操作:GET（读取资源信息）、POST（添加资源）、PUT（更新资源信息）、DELETE（删除资源）。几乎所有的计算机语言都可以通过 HTTP 同 REST 服务器通信。

5.3.3 REST 的应用

目前国内外流行的 Web 2.0 应用 API 接口中，很多都支持 REST 架构。例如，新浪微博开放平台、人人网 API、Google OpenID、Flickr、Twitter、eBay、Facebook、Last.fm、Yahoo Search、Amazon S3、Amazon EC2、Digg、Microsoft Bing、FriendFeed、PayPal、Foursquare 等。

第二部分

技术原理篇

第 6 章
串口通信技术

6.1 串口通信的概念及原理

6.1.1 串口通信的概念

串口是计算机上一种非常通用的设备通信协议。大多数计算机包含两个基于 RS-232 的串口。串口也是仪器仪表设备通用的通信协议，很多 GPIB（通用接口总线）兼容的设备也带有 RS-232 口。同时，串口通信协议也可以用于获取远程采集设备的数据。

6.1.2 串口通信的原理

串口按位（Bit）发送和接收字节，尽管比按字节（Byte）的并行通信慢，但是串口可以在使用一根线发送数据的同时用另一根线接收数据。它很简单并且能够实现远距离通信。例如 IEEE 488 定义并行通行状态时，规定设备线总长不得超过 20m，并且任意两个设备间的长度不得超过 2m。而对于串口而言，长度可达 1200m。典型地，串口用于 ASCII 码字符的传输，通信使用 3 根线完成：①地线；②发送；③接收。由于串口通信是异步的，端口能够在一根线上发送数据，同时在另一根线上接收数据，其他线用于握手，但是不是必需的。串口通信最重要的参数是波特率、数据位、停止位和奇偶校验。对于两个进行通信的端口，以下参数必须匹配：

（1）波特率：这是一个衡量通信速度的参数。它表示每秒钟传送的位的个数。例如，300 波特表示每秒钟发送 300 位。当提到时钟周期时指的就是波特率。例如，协议需要 4800 波特率，那么时钟就是 4800Hz。这意味着串口通信在数据线上的采样率为 4800Hz。通常电话线的波特率为 14400、28800 和 36600。波特率可以远远大于这些值，但是波特率和距离成反比。高波特率常常用于放置的距离很近的仪器间的通信，典型的例子就是 GPIB 设备的通信。

（2）数据位：这是衡量通信中实际数据位的参数。当计算机发送一个信息包，实际的数据不会是 8 位的，标准的值是 5、7 和 8 位。如何设置取决于你想传送的信息。例如，标准的 ASCII 码是 0～127（7 位），扩展的 ASCII 码是 0～255（8 位）。如果数据使用简单的文本（标准 ASCII 码），那么每个数据包使用 7 位数据。每个包是指一个字节，包括开始位、停止位、数据位和奇偶校验位。由于实际数据位取决于通信协议的选取，术语"包"指任何通信的情况。

（3）停止位：用于表示单个包的最后一位，典型的值是 1、1.5 和 2 位。由于数据是在传输线上定时的，并且每一个设备有自己的时钟，很可能在通信中两台设备间出现小小的不同步。因此，停止位不仅表示传输的结束，并且提供计算机校正时钟同步的机会。适用于停止位的位数越多，不同时钟同步的容忍程度越大，但是数据传输率也越慢。

（4）奇偶校验位：这是串口通信中一种简单的检错方式，具体有四种检错方式：偶、奇、高、低。当然没有校验位也是可以的。对于偶和奇校验的情况，串口会设置校验位（数据位后面的一位），用一个值确保传输的数据有偶个或者奇个逻辑高位。

6.2 知识储备

6.2.1 C#中的 Form 控件

Form 是应用程序中所显示的任何窗口的表示形式。Form 类可用于创建标准窗口、工具窗口、无边框窗口和浮动窗口。用户还可以使用 Form 类创建模式窗口，如对话框。一种特殊类型的窗体，即 MDI（多文档界面）窗体可包含其他称为 MDI 子窗体的窗体。通过将 IsMdiContainer 属性设置为 true 来创建 MDI 窗体。通过将 MdiParent 属性设置为包含 MDI 子窗体的 MDI 父窗体来创建 MDI 子窗体。

使用 Form 类中可用的属性，用户可以确定所创建窗口或对话框的外观、大小、颜色和窗口管理功能。Text 属性允许用户在标题栏中指定窗口的标题。Size 和 DesktopLocation 属性允许用户定义窗口在显示时的大小和位置。用户可以使用 ForeColor 颜色属性更改窗体上放置的所有控件的默认前景色。FormBorderStyle、MinimizeBox 和 MaximizeBox 属性允许用户控制运行时窗体是否可以最小化、最大化或调整窗体大小。Form 控件的常用属性见表 6-1。

表 6-1　Form 控件的常用属性

属 性 名 称	说　　明
Name	用来获取或设置窗体的名称。在应用程序中可通过 Name 属性来引用窗体
WindowState	用来获取或设置窗体的窗口状态。取值有三种：Normal 窗体（正常显示）、Minimized 窗体（以最小化形式显示）和 Maximized 窗体（以最大化形式显示）
StartPosition	用来获取或设置运行时窗体的起始位置
Text	该属性是一个字符串属性，用来设置或返回在窗口标题栏中显示的文字
Width	用来获取或设置窗体的宽度
Height	用来获取或设置窗体的高度
Left	用来获取或设置窗体的左边缘的 x 坐标，以像素为单位
Top	用来获取或设置窗体的上边缘的 y 坐标，以像素为单位
ControlBox	用来获取或设置一个值，该值指示在该窗体的标题栏中是否显示控制框。值为 true 时将显示控制框，值为 false 时不显示控制框
MaximizeBox	用来获取或设置一个值，该值指示是否在窗体的标题栏中显示最大化按钮。值为 true 时显示最大化按钮，值为 false 时不显示最大化按钮
MinimizeBox	用来获取或设置一个值，该值指示是否在窗体的标题栏中显示最小化按钮。值为 true 时显示最小化按钮，值为 false 时不显示最小化按钮
AcceptButton	用来获取或设置一个值，该值是一个按钮的名称。当按 Enter 键时就相当于单击了窗体上的该按钮
CancelButton	用来获取或设置一个值，该值是一个按钮的名称。当按 Esc 键时就相当于单击了窗体上的该按钮
Model	用来设置窗体是否为有模式显示窗体。如果是有模式地显示该窗体，则该属性值为 true，否则为 false。当有模式地显示窗体时只能对模式窗体上的对象进行输入。通常是必须隐藏或关闭模式窗体响应某个用户操作，然后才能对另一窗体进行输入。有模式显示的窗体通常用做应用程序中的对话框
ActiveControl	用来获取或设置容器控件中的活动控件。窗体也是一种容器控件
ActiveMdiChild	用来获取多文档界面 MDI 的当前活动子窗口

（续）

属性名称	说明
AutoScroll	用来获取或设置一个值，该值指示窗体是否实现自动滚动。如果此属性值设置为 true，则当任何控件位于窗体工作区之外时会在该窗体上显示滚动条。另外，当自动滚动打开时，窗体的工作区自动滚动以使具有输入焦点的控件可见
BackColor	用来获取或设置窗体的背景色
BackgroundImage	用来获取或设置窗体的背景图像
Enabled	用来获取或设置一个值，该值指示控件是否可以对用户交互作出响应。如果控件可以对用户交互作出响应则为 true，否则为 false。默认值为 true
Font	用来获取或设置控件显示的文本的字体
ForeColor	用来获取或设置控件的前景色
IsMdiChild	获取一个值，该值指示该窗体是否为多文档界面 MDI 子窗体。值为 true 时是子窗体，值为 false 时不是子窗体
IsMdiContainer	获取或设置一个值，该值指示窗体是否为多文档界面 MDI 子窗体的容器。值为 true 时是子窗体的容器，值为 false 时不是子窗体的容器
KeyPreview	用来获取或设置一个值，该值指示在将按键事件传递到具有焦点的控件前窗体是否接收该事件。值为 true 时窗体将接收按键事件，值为 false 时窗体不接收按键事件
MdiChildre	数组属性。数组中的每个元素表示以此窗体作为父级的多文档界面 MDI 子窗体
MdiParent	用来获取或设置此窗体的当前多文档界面 MDI 父窗体
ShowInTaskbar	用来获取或设置一个值，该值指示是否在 Windows 任务栏中显示窗体
Visible	用于获取或设置一个值，该值指示是否显示该窗体或控件。值为 true 时显示窗体或控件，值为 false 时不显示
Capture	如果该属性值为 true，则鼠标会被限定只由此控件响应，不管鼠标是否在此控件的范围内

除了属性之外，用户还可以使用 Form 类的方法来操作窗体。例如，用户可以使用 ShowDialog 方法将窗体显示为模式对话框，可以使用 SetDesktopLocation 方法在桌面上定位窗体。

Form 类的事件允许用户响应对窗体执行的操作。可以使用 Activated 事件执行操作，如当窗体已激活时更新窗体控件中显示的数据。Form 控件的常用方法与常用事件见表 6-2、表 6-3。

表 6-2 Form 控件的常用方法

方法名称	说明
Show	该方法的作用是让窗体显示出来，其调用格式为：窗体名.Show。其中，窗体名是要显示的窗体名称
Hide	该方法的作用是把窗体隐藏起来，其调用格式为：窗体名.Hide。其中，窗体名是要隐藏的窗体名称
Refresh	该方法的作用是刷新并重画窗体，其调用格式为：窗体名.Refresh。其中，窗体名是要刷新的窗体名称
Activate	该方法的作用是激活窗体并给了它焦点。其调用格式为：窗体名.Activate。其中，窗体名是要激活的窗体名称
Close	该方法的作用是关闭窗体。其调用格式为：窗体名.Close。其中，窗体名是要关闭的窗体名称
ShowDialog	该方法的作用是将窗体显示为模式对话框。其调用格式为：窗体名.ShowDialog3

表 6-3 Form 控件的常用事件

事件名称	说明
Load	该事件在窗体加载到内存时发生，即在第一次显示窗体前发生
Activated	该事件在窗体激活时发生
Deactivate	该事件在窗体失去焦点成为不活动窗体时发生
Resize	该事件在改变窗体大小时发生
Paint	该事件在重绘窗体时发生
Click	该事件在用户单击窗体时发生
DoubleClick	该事件在用户双击窗体时发生
Closed	该事件在关闭窗体时发生，属文本框类控件

下面的代码示例创建了 Form 的一个新实例,并调用 ShowDialog 方法以将该窗体显示为对话框。该示例设置了 FormBorderStyle、AcceptButton、CancelButton、MinimizeBox、MaximizeBox 和 StartPosition 属性,将窗体的外观和功能更改为对话框形式。该示例还使用了窗体 Controls 集合的 Add 方法来添加两个 Button 控件,使用 HelpButton 属性在对话框的标题栏中显示"帮助"按钮。

```csharp
public void CreateMyForm()
{
    // Create a new instance of the form.
    Form form1 = new Form();
    // Create two buttons to use as the accept and cancel buttons.
    Button button1 = new Button();
    Button button2 = new Button();
    // Set the text of button1 to "OK".
    button1.Text = "OK";
    // Set the position of the button on the form.
    button1.Location = new Point(10, 10);
    // Set the text of button2 to "Cancel".
    button2.Text = "Cancel";
    // Set the position of the button based on the location of button1.
    button2.Location = new Point(button1.Left, button1.Height + button1.Top + 10);
    // Set the caption bar text of the form.
    form1.Text = "My Dialog Box";
    // Display a help button on the form.
    form1.HelpButton = true;

    // Define the border style of the form to a dialog box.
    form1.FormBorderStyle = FormBorderStyle.FixedDialog;
    // Set the MaximizeBox to false to remove the maximize box.
    form1.MaximizeBox = false;
    // Set the MinimizeBox to false to remove the minimize box.
    form1.MinimizeBox = false;
    // Set the accept button of the form to button1.
    form1.AcceptButton = button1;
    // Set the cancel button of the form to button2.
    form1.CancelButton = button2;
    // Set the start position of the form to the center of the screen.
    form1.StartPosition = FormStartPosition.CenterScreen;
    // Add button1 to the form.
    form1.Controls.Add(button1);
    // Add button2 to the form.
    form1.Controls.Add(button2);
    // Display the form as a modal dialog box.
    form1.ShowDialog();
}
```

6.2.2　C#中的 Label 控件

Label 控件用于显示用户不能编辑的文本或图像,用于显示标签。它用于标识窗体上的对象(例如,描述单击某控件时该控件所进行的操作),或者显示相应信息以响应应用程序中的运行时事件或进程。例如,用户可以使用标签向文本框、列表框和组合框等添加描述性标题。也可以编写代码,使标签显示的文本为响应运行时事件而作出更改。例如,如果应用程序需要几分钟时间处理更改,则可以在标签中显示处理状态的消息。因为 Label 控件不能接收焦点,所以也可以用来为其他控件创建访问键。访问键允许用户通过按 Alt 键和访问键来选择另一个控件。Label 控件的常用属性、方法、事件见表 6-4～表 6-6。

表 6-4 Label 控件的常用属性

属 性 名 称	说 明
Text	用来设置或返回标签控件中显示的文本信息
AutoSize	用来获取或设置一个值,该值指示是否自动调整控件的大小,以完整显示其内容。取值为 true 时控件将自动调整到刚好能容纳文本的大小,取值为 false 时控件的大小为设计时的大小。默认值为 false
Anchor	用来获取或设置控件绑定到的容器的边缘并确定控件如何随其父级一起调整大小
BackColor	用来获取或设置控件的背景色。当该属性值设置为 Color.Transparent 时,标签将透明显示,即背景色不显示出来
BorderStyle	用来设置或返回边框。有三种选择:BorderStyle.None(无边框默认)、BorderStyle.FixedSingle(固定单边框)和 BorderStyle.Fixed3D(三维边框)
TabIndex	用来设置或返回对象的 Tab 键顺序
Enabled	用来设置或返回控件的状态。值为 true 时允许使用控件;值为 false 时禁止使用控件,此时标签呈暗淡色,一般在代码中设置。另外,标签还具有 Visible、ForeColor、Font 等属性,具体含义请参考窗体的相应属性

表 6-5 Label 控件的常用方法

方 法 名 称	说 明
AddAttributesToRender	添加 Label 控件的 HTML 特性和样式呈现到指定的输出流
AddedControl	调用子控件后添加到 Control 对象的 Controls 集合
AddParsedSubObject	通知控件元素分析并将该元素添加到 Label 控件
ApplyStyle	将指定样式的所有非空白元素复制到 Web 控件,改写控件的所有现有样式元素
ApplyStyleSheetSkin	将在页样式表中定义的样式属性应用于控件
ClearCachedClientID	基础结构。设置缓存的 ClientID 值为 null
ClearChildControlState	删除服务器控件的子控件的状态信息
ClearChildState	删除视图状态和控件状态信息所有服务器控件的子控件
ClearChildViewState	删除所有服务器控件的子控件的视图状态信息
ClearEffectiveClientIDMode	基础结构。设置当前控件的实例 ClientIDMode 属性和子控件绑定到 Inherit
CreateControlCollection	创建新的 ControlCollection 对象,保存子控件(文本和服务器)服务器控件
DataBind()	将某个数据源绑定到调用的服务器控件及其所有子控件

表 6-6 Lable 控件的常用事件

事 件 名 称	说 明
DataBinding	服务器控件绑定到数据源时发生
Disposed	出现问题,则服务器控件从内存释放,是服务器控件生命周期的最后阶段,在请求 ASP.NET 页时发生
Init	服务器控件初始化时发生,是在其生命周期的第一步
Load	服务器控件加载到 Page 对象时发生
PreRender	Control 对象呈现前后,加载结果时发生
Unload	服务器控件从内存卸载时发生

下面的代码示例显示如何创建具有三维边框并包含一个图像的 Label 控件。图像是用 ImageList 和 ImageIndex 两种属性显示的。该控件也有一个指定助记键字符的标题。代码示例使用 PreferredHeight 和 PreferredWidth 属性适当调整 Label 控件的大小。此示例要求已创建一个名为 imageList1 的 ImageList，并且它已加载两幅图像。此示例还要求该代码在一个窗体内，该窗体已将 System.Drawing 命名空间添加到其代码中。

```
public void CreateMyLabel（）
{
    // Create an instance of a Label.
    Label label1 = new Label（）;

    // Set the border to a three-dimensional border.
    label1.BorderStyle = System.Windows.Forms.BorderStyle.Fixed3D;
    // Set the ImageList to use for displaying an image.
    label1.ImageList = imageList1;
    // Use the second image in imageList1.
    label1.ImageIndex = 1;
    // Align the image to the top left corner.
    label1.ImageAlign = ContentAlignment.TopLeft;

    // Specify that the text can display mnemonic characters.
    label1.UseMnemonic = true;
    // Set the text of the control and specify a mnemonic character.
    label1.Text = "First &Name:";

    /* Set the size of the control based on the PreferredHeight and PreferredWidth values. */
    label1.Size = new Size （label1.PreferredWidth, label1.PreferredHeight）;

    //...Code to add the control to the form...
}
```

6.2.3　C#中的 Button 控件

Button 控件又称按钮控件，是 Windows 应用程序中最常用的控件之一，通常用它来执行命令。Button 控件允许用户通过单击它来执行操作。当该按钮被单击时，它看起来像是被按下，然后被释放。每当用户单击按钮时，即调用 Click 事件处理程序。可将代码放入 Click 事件处理程序来执行所选择的任意操作。

如果按钮具有焦点，就可以使用鼠标左键、Enter 键或空格键触发该按钮的 Click 事件。通过设置窗体的 AcceptButton 或 CancelButton 属性，无论该按钮是否有焦点都可以使用户通过按 Enter 或 Esc 键来触发按钮的 Click 事件。Button 控件也具有许多常规属性，如 Text、ForeColor 等。Button 控件的常用属性、方法、事件见表 6-7～表 6-9。

表 6-7　Button 控件的常用属性

属 性 名 称	说　　明
ActualHeight	获取此元素的呈现高度
ActualWidth	获取此元素的呈现宽度
AllowDrop	获取或设置一个值，该值指示此元素是否可用做拖放操作的目标。这是一个依赖项属性

（续）

属性名称	说明
AreAnyTouchesCaptured	获取一个值，该值指示在此元素上是否至少捕获了一次触摸
AreAnyTouchesCapturedWithin	获取一个值，该值指示在此元素或其可视化树中的任何子元素上是否至少捕获了一次触摸
Background	获取或设置描述控件的背景画笔
BindingGroup	获取或设置用于组件的 BindingGroup
BitmapEffect	已过时。获取或设置将直接应用到此元素的呈现内容的位图效果。这是一个依赖项属性
BitmapEffectInput	已过时。获取或设置将直接应用到此元素的呈现内容的位图效果的一个输入源。这是一个依赖项属性
BorderBrush	获取或设置描述控件的边框的背景画笔
BorderThickness	获取或设置控件的边框粗细
CacheMode	获取或设置 UIElement 中缓存的表示形式
ClickMode	获取或设置 Click 事件何时发生
Clip	获取或设置用于几何图形定义元素内容的轮廓。这是一个依赖项属性
Command	获取或设置当按此按钮时要调用的命令
CommandParameter	获取或设置要传递给 Command 属性的参数
CommandTarget	获取或设置要对其引发指定命令的元素
Content	获取或设置 ContentControl 的内容
ContentStringFormat	获取或设置指定如何设置 Content 属性的复合字符串
ContentTemplate	获取或设置用于数据模板显示 ContentControl 的内容
ContextMenu	获取或设置要显示的上下文菜单元素
Cursor	获取或设置显示的光标、鼠标指针何时在此元素
DataContext	获取或设置元素参与数据绑定时的数据上下文
DependencyObjectType	获取包装此实例 CLR 类型的 DependencyObjectType
DesiredSize	获取在布局测量处理过程中计算此元素处理的大小
Dispatcher	获取与此 DispatcherObject 关联的 Dispatcher
Effect	获取或设置位图效果应用于 UIElement。这是依赖项属性
FlowDirection	获取或设置文本的方向，另用户界面（UI）元素在控件的布局的所有父元素中流动方向
Focusable	获取或设置一个值元素是否可以接收焦点。这是一个依赖项属性
FontFamily	获取或设置控件的字体系列
FontSize	获取或设置字号
FontStretch	获取或设置字体在屏幕上展开的程度
FontStyle	获取或设置字体样式
FontWeight	获取或设置指定字体的权重或粗细
ForceCursor	获取或设置一个值，该值表示此 FrameworkElement 是否应强制用户界面呈现光标
Foreground	获取或设置描述前景色的画笔
HandlesScrolling	获取一个值控件，该值表示是否支持滚动
HasAnimatedProperties	获取指示此元素是否具有任何活动的属性的值
HasContent	获取一个值，该值表示 ContentControl 是否包含内容
HasEffectiveKeyboardFocus	获取一个值，该值指示 UIElement 是否具有焦点
Height	获取或设置元素的建议高度

表 6-8 Button 控件的常用方法

方法名称	说明
Paint	在重绘控件时发生
BackColorChanged	在 BackColor 属性的值更改时发生
Click	在单击控件时发生
ForeColorChanged	在 ForeColor 属性值更改时发生
KeyDown	在控件有焦点的情况下按下键时发生
KeyPress	在控件有焦点的情况下按下键时发生
KeyUp	在控件有焦点的情况下释放键时发生
MouseClick	在鼠标单击该控件时发生
MouseDoubleClick	当用户使用鼠标双击控件时发生
MouseDown	当鼠标指针位于控件上并按下鼠标键时发生
MouseEnter	在鼠标指针进入控件时发生
MouseHover	在鼠标指针停放在控件上时发生
MouseLeave	在鼠标指针离开控件时发生
MouseMove	在鼠标指针移到控件上时发生
MouseUp	在鼠标指针在控件上并释放鼠标键时发生
MouseWheel	在移动鼠标滚轮并且控件有焦点时发生
Move	在移动控件时发生
Enter	进入控件时发生
PreviewKeyDown	在焦点位于此控件上的情况下，当有按键动作时发生（KeyDown 事件之前发生）
Resize	在调整控件大小时发生

表 6-9 Button 控件的常用事件

事件名称	说明
Click	在单击 Button 时发生
KeyDown	在焦点位于此元素上并且用户按下键时发生
KeyUp	在焦点位于此元素上并且用户释放键时发生
MouseDoubleClick	当鼠标按钮单击两次或多次时发生
MouseDown	在指针位于此元素上并且按下任意鼠标按钮时发生
MouseEnter	在鼠标指针进入此元素的边界时发生
MouseLeave	在鼠标指针离开此元素的边界时发生
MouseLeftButtonDown	在鼠标指针位于此元素上并且按下鼠标左键时发生
MouseLeftButtonUp	在鼠标指针位于此元素上并且松开鼠标左键时发生
MouseMove	在鼠标指针位于此元素上并且移动鼠标指针时发生
MouseRightButtonDown	在鼠标指针位于此元素上并且按下鼠标右键时发生
MouseRightButtonUp	在鼠标指针位于此元素上并且松开鼠标右键时发生
MouseUp	在鼠标指针位于此元素上并且松开任意鼠标按钮时发生
MouseWheel	在鼠标指针位于此元素上并且用户滚动鼠标滚轮时发生
TouchDown	当悬停在此元素上方的手指触摸屏幕时发生
TouchEnter	在触摸屏输入从此元素边界外部移动到其内部时发生
TouchLeave	在触摸屏输入从此元素边界内部移动到其外部时发生
TouchMove	当悬停在此元素上方的手指在屏幕上移动时发生
TouchUp	当悬停在此元素上方的手指从屏幕上移开时发生

下面的代码示例创建了一个 Button，将其 DialogResult 属性设置为 DialogResult.OK，并将其添加到 Form 中。

```
private void InitializeMyButton（）
{
    // Create and initialize a Button.
    Button button1 = new Button（）；
    // Set the button to return a value of OK when clicked.
    button1.DialogResult = DialogResult.OK;
    // Add the button to the form.
    Controls.Add（button1）；
}
```

6.2.4　C#中的 TextBox 控件

TextBox 控件通常用于可编辑文本，不过也可使其成为只读控件。TextBox 可以显示多个行，可对文本换行使其符合控件的大小以及添加基本的格式设置。TextBox 控件仅允许对其中显示或输入的文本采用一种格式。TextBox 控件的常用属性、方法、事件见表 6-10~表 6-12。

表 6-10　TextBox 控件的常用属性

属 性 名 称	说　　明
Text	Text 属性是文本框最重要的属性，因为要显示的文本就包含在 Text 属性中。默认情况下最多可在一个文本框中输入 2048 个字符。如果将 MultiLine 属性设置为 true，则最多可输入 32KB 的文本。Text 属性可以在设计时使用"属性"窗口设置，也可以在运行时用代码设置或者通过用户输入来设置。可以在运行时通过读取 Text 属性来获得文本框的当前内容
MaxLength	用来设置文本框允许输入字符的最大长度。该属性值为 0 时不限制输入的字符数
MultiLine	用来设置文本框中文本是否可以输入多行并以多行显示。值为 true 时允许多行显示；值为 false 时不允许多行显示，一旦文本超过文本框宽度时超过部分不显示
HideSelection	用来决定当焦点离开文本框后选中的文本是否还以选中的方式显示。值为 true 时不以选中的方式显示，值为 false 时将依旧以选中的方式显示
ReadOnly	用来获取或设置一个值，该值指示文本框中的文本是否为只读。值为 true 时为只读，值为 false 时为可读可写
ScrollBars	用来设置滚动条模式，有四种选择：ScrollBars.None（无滚动条）、ScrollBars.Horizontal（水平滚动条）、ScrollBars.Vertical（垂直滚动条）和 ScrollBars.Both（水平和垂直滚动条）。注意：只有当 MultiLine 属性为 true 时该属性值才有效。WordWrap 属性值为 true 时水平滚动条将不起作用
SelectionLength	用来获取或设置文本框中选定的字符数，只能在代码中使用。值为 0 时表示未选中任何字符
SelectionStart	用来获取或设置文本框中选定的文本起始点，只能在代码中使用。第一个字符的位置为 0，第二个字符的位置为 1，依此类推
SelectedText	用来获取或设置一个字符串，该字符串指示控件中当前选定的文本。只能在代码中使用
Lines	该属性是一个数组属性，用来获取或设置文本框控件中的文本行。即文本框中的每一行存放在 Lines 数组的一个元素中
Modified	用来获取或设置一个值，该值指示自创建文本框控件或上次设置该控件的内容后用户是否修改了该控件的内容。值为 true 时表示修改过，值为 false 时表示没有修改过
TextLength	用来获取控件中文本的长度
WordWrap	用来指示多行文本框控件在输入的字符超过一行宽度时是否自动换行。值为 true 时表示自动换到下一行的开始，值为 false 时表示不自动换到下一行的开始

表 6-11 TextBox 控件的常用方法

方法名称	说明
AppendText	向文本框的当前文本追加文本
Clear	从文本框控件中清除所有文本
Focus	为文本框设置焦点。如果焦点设置成功，值为 true，否则为 false。调用的一般格式如下：文本框对象.Focus。该方法无参数
Copy	将文本框中的当前选定内容复制到剪贴板上。调用的一般格式如下：文本框对象.Copy。该方法无参数
Cut	将文本框中的当前选定内容移动到剪贴板上。调用的一般格式如下：文本框对象.Cut。该方法无参数
Paste	用剪贴板的内容替换文本框中的当前选定内容。调用的一般格式如下：文本框对象.Paste。该方法无参数
Undo	撤销文本框中的上一个编辑操作。调用的一般格式如下：文本框对象.Undo。该方法无参数
ClearUndo	从该文本框的撤销缓冲区中清除关于最近操作的信息。根据应用程序的状态可以使用此方法防止重复执行撤销操作。调用的一般格式如下：文本框对象.ClearUndo。该方法无参数
Select	用来在文本框中设置选定文本。调用的一般格式如下：文本框对象.Select start length。该方法有两个参数，第一个参数 start 用来设定文本框中当前选定文本的第一个字符的位置，第二个参数 length 用来设定要选择的字符数
SelectAll	用来选定文本框中的所有文本。调用的一般格式如下：文本框对象.SelectAll。该方法无参数

表 6-12 TextBox 控件的常用事件

事件名称	说明
GotFocus	该事件在文本框接收焦点时发生
LostFocus	该事件在文本框失去焦点时发生
TextChanged	该事件在 Text 属性值更改时发生。无论是通过编程修改还是用户交互更改文本框的 Text 属性值，均会引发此事件

6.2.5 C#中的 RichTextBox 控件

RichTextBox 控件用于显示、输入和操作格式文本。RichTextBox 控件在允许用户输入和编辑文本的同时提供了比普通的 TextBox 控件更高级的格式特征。RichTextBox 控件除具有 TextBox 控件的所有功能外，还能设定文字颜色、字体和段落格式，支持字符串查找功能，支持 RTF（Rich Text Format，带有格式的文本文件）格式等功能。

上面介绍的 TextBox 控件所具有的属性，RichTextBox 控件基本上都具有，除此之外，该控件还具有一些其他属性。RichTextBox 控件的常用属性、方法、事件见表 6-13～表 6-15。

表 6-13 RichTextBox 控件的常用属性

属性名称	说明
AllowDrop	获取或设置一个值，该值指示控件是否允许拖放操作（重写 Control.AllowDrop）
BackColor	获取或设置控件的背景色（继承自 TextBoxBase）
BorderStyle	获取或设置文本框控件的边框类型
ContextMenu	获取或设置与控件关联的快捷菜单
ContextMenuStrip	获取或设置与此控件关联的 ContextMenuStrip
Controls	获取包含在控件内的控件的集合
Dock	获取或设置哪些控件边框停靠到其父控件并确定控件如何随其父级一起调整大小
Enabled	获取或设置一个值，该值指示控件是否可以对用户交互作出响应
Focused	获取一个值，该值指示控件是否有输入焦点
Font	获取或设置在控件中显示文本时所使用的字体
FontHeight	获取或设置控件的字体的高度
ForeColor	获取或设置在控件中显示文本时所使用的字体颜色

（续）

属 性 名 称	说　　明
Height	获取或设置控件的高度
Location	获取或设置该控件的左上角相对于其容器的左上角的坐标
Name	获取或设置控件的名称
ReadOnly	获取或设置一个值，该值指示文本框中的文本是否为只读
Right	获取控件右边缘与其容器的工作区左边缘之间的距离（以像素为单位）
SelectedText	获取或设置 RichTextBox 内的选定文本
Site	获取或设置控件的站点
Size	获取或设置控件的高度和宽度
TabIndex	获取或设置在控件的容器的控件的 Tab 键顺序
Tag	获取或设置包含有关控件数据的对象
Text	获取或设置多格式文本框中的当前文本
TextLength	获取控件中文本的长度
Visible	获取或设置一个值，该值指示是否显示该控件及其所有子控件
Width	获取或设置控件的宽度

表 6-14　RichTextBox 控件的常用方法

方 法 名 称	说　　明
BeginInvoke（Delegate）	在创建控件的基础句柄所在线程上异步执行指定委托
BeginInvoke（Delegate，Object[]）	在创建控件的基础句柄所在线程上，用指定的参数异步执行指定委托
Clear	从文本框控件中清除所有文本
Contains	检索一个值，该值指示指定控件是否为一个控件的子控件
Focus	为控件设置输入焦点
Hide	对用户隐藏控件
OnMouseClick	引发 MouseClick 事件
OnMouseDoubleClick	引发 MouseDoubleClick 事件
OnMouseDown	引发 MouseDown 事件
OnMouseEnter	引发 MouseEnter 事件
OnMouseHover	引发 MouseHover 事件
OnMouseLeave	引发 MouseLeave 事件
OnMouseMove	引发 MouseMove 事件
OnMouseUp	引发 MouseUp 事件
OnTextChanged	引发 TextChanged 事件
Paste()	用"剪贴板"的内容替换文本框中的当前选定内容
Paste(DataFormats.Format)	粘贴指定剪贴板格式的剪贴板内容
ResetText	将 Text 属性重置为其默认值
Select()	激活控件
Select(Int32, Int32)	选择文本框中的文本范围
SelectAll	选定文本框中的所有文本
Show	向用户显示控件
ToString	基础结构返回表示 TextBoxBase 控件的字符串

表 6-15 RichTextBox 控件的常用事件

事件名称	说明
Click	在单击文本框时发生
DoubleClick	在双击控件时发生
KeyDown	在控件有焦点的情况下按下键时发生
MouseClick	用鼠标单击控件时发生
MouseDoubleClick	用鼠标双击控件时发生

下面的代码演示了如何创建具有段落和一些加粗文本的 RichTextBox。

```
//A RichTextBox with intial content in it.
private void ContentRTB（）
{
    //Create a new RichTextBox with its VerticalScrollBarVisibility property set to Auto.
    RichTextBox MyRTB = new RichTextBox（）；
    MyRTB.VerticalScrollBarVisibility = ScrollBarVisibility.Auto;
    // Create a Run of plain text and some bold text.
    Run myRun1 = new Run（）；
    myRun1.Text = "A RichTextBox with ";
    Bold myBold = new Bold（）；
    myBold.Inlines.Add（"initial content "）；
    Run myRun2 = new Run（）；
    myRun2.Text = "in it.";
    // Create a paragraph and add the Run and Bold to it.
    Paragraph myParagraph = new Paragraph（）；
    myParagraph.Inlines.Add（myRun1）；
    myParagraph.Inlines.Add（myBold）；
    myParagraph.Inlines.Add（myRun2）；
    // Add the paragraph to the RichTextBox.
    MyRTB.Blocks.Add（myParagraph）；
    //Add the RichTextBox to the StackPanel.
    MySP.Children.Add（MyRTB）；
}
```

6.2.6　C#中的 ComboBox 控件

ComboBox（组合框）控件很简单，可以节省空间。从用户角度来看，这个控件是由一个文本输入控件和一个下拉菜单组成的。用户可以从一个预先定义的列表里选择一个选项，也可以直接在文本框里面输入文本。ComboBox 控件的常用属性、方法、事件见表 6-16～表 6-18。

表 6-16 ComboBox 控件的常用属性

属性名称	说明
AllowDrop	获取或设置一个值，该值指示此元素能否用做拖放操作的目标。这是一个依赖项属性
Background	获取或设置描述控件的背景
ActualHeight	获取此元素的呈现高度
ActualWidth	获取此元素的呈现宽度

（续）

属 性 名 称	说 明
Cursor	获取或设置在鼠标指针位于此元素上时显示的光标
FontFamily	获取或设置控件的字体系列
FontSize	获取或设置字号
FontStyle	获取或设置字体样式
FontWeight	获取或设置指定的字体的权重或粗细
HandlesScrolling	获取一个值，该值指示组合框是否支持滚动
Height	获取或设置元素的建议高度（继承自 FrameworkElement）
IsEditable	获取或设置一个值，该值指示启用或禁用 ComboBox 文本框中的文本编辑
IsEnabled	获取或设置一个值，该值指示是否在用户界面（UI）中启用了此元素。这是一个依赖项属性（继承自 UIElement）
IsReadOnly	获取或设置启用仅限选择模式的值，在此模式中可选择但不可编辑组合框中的内容
Items	获取集合用于生成 ItemsControl 的内容（继承自 ItemsControl）
Name	获取或设置元素的标识名称
SelectedIndex	获取或设置当前选择中第一个项的索引，或者在选择为空时返回-1
SelectedItem	获取或设置当前选择中的第一项，如果选择为空，则返回 null
SelectedValue	获取或设置通过使用 SelectedValuePath 而获取的 SelectedItem 的值
SelectedValuePath	获取或设置用于从 SelectedItem 获取 SelectedValue 的路径（继承自 Selector）
SelectionBoxItem	获取在选择框中显示的项
SelectedIndex	获取或设置当前选择中第一个项的索引，或者在选择为空时返回-1（继承自 Selector）
Style	获取或设置此元素在呈现时使用的样式（继承自 FrameworkElement）
StylusPlugIns	获取与此元素关联的所有触笔插件（自定义）对象的集合（继承自 UIElement）
TabIndex	获取或设置使用 Tab 键时，确定顺序接收焦点的元素的值（继承自 Control）
Tag	获取或设置任意对象值，该值可用于存储关于此元素的自定义信息（继承自 FrameworkElement）
Text	获取或设置当前选定项的文本
Visibility	获取或设置此元素的用户界面（UI）可见性

表 6-17 ComboBox 控件的常用方法

方 法 名 称	说 明
AddText	向 ItemsControl 对象附加指定的文本字符串
Arrange	定位子元素并确定 UIElement 的大小
CaptureMouse	尝试将鼠标强制捕获到此元素
CheckAccess	确定调用线程是否可以访问此 DispatcherObject
CoerceValue	强制指定的依赖项属性的值
Equals	确定提供的 DependencyObject 是否与当前 DependencyObject 等效
Finalize	允许对象在"垃圾回收"回收之前尝试释放资源并执行其他清理操作
FindName	查找具有提供的标识符名的元素
Focus	尝试将焦点设定到此元素上
GetHashCode	获取此 DependencyObject 的哈希代码
GetLayoutClip	返回剪切蒙版的形状。如果布局系统尝试排列的元素大小超过可用显示空间，将会应用蒙版

第 6 章　串口通信技术

（续）

方 法 名 称	说　　　明
GetType	获取当前实例的 Type
GetUIParentCore	如果没有此元素的可视化父级，则返回此元素的备用逻辑父级
GetValue	返回依赖项属性的当前有效值在 DependencyObject 的此实例
GetVisualChild	重写 Visual.GetVisualChild，然后从子元素集合返回指定索引处的子级
IsItemItsOwnContainer	确定指定的项目是（或完全限定为）自己的容器
IsItemItsOwnContainerOverride	确定指定项是否是（或可作为）其自己的 ItemContainer
OnAccessKey	在调用对于此元素有意义的访问键时提供类处理
OnAlternationCountChanged	AlternationCount 属性更改时调用
OnDropDownClosed	当组合框的弹出窗口关闭时报告
OnDropDownOpened	当组合框的弹出窗口打开时报告
OnGotFocus	每当未处理的 GotFocus 事件在其路由中到达此元素时调用
OnIsMouseCapturedChanged	当 IsMouseCaptured 属性更改时调用
OnItemsChanged	当 Selector 中的项更改时更新当前选择
OnKeyDown	发生 KeyDown 附加路由事件时调用
OnKeyUp	当未处理的 Keyboard.KeyUp 附加事件在其路由中到达派生自此类的元素时，调用此方法。实现此方法可为此事件添加类处理
OnMouseDoubleClick	引发该 MouseDoubleClick 路由事件
OnMouseDown	当未处理的 Mouse.MouseDown 附加事件在其路由中到达派生自此类的元素时，调用此方法。实现此方法可为此事件添加类处理
OnMouseEnter	在此元素上引发未处理的 Mouse.MouseEnter 附加事件时，调用此方法。实现此方法可为此事件添加类处理
OnMouseLeave	在此元素上引发未处理的 Mouse.MouseLeave 附加事件时，调用此方法。实现此方法可为此事件添加类处理（继承自 UIElement）
OnMouseLeftButtonDown	在此元素上引发未处理的 MouseLeftButtonDown 路由事件时，调用此方法。实现此方法可为此事件添加类处理
OnMouseLeftButtonUp	调用此方法以报告已释放鼠标左键
OnMouseMove	当未处理的 Mouse.MouseMove 附加事件在其路由中到达派生自此类的元素时，调用此方法。实现此方法可为此事件添加类处理（继承自 UIElement）
OnMouseRightButtonDown	当未处理的 MouseRightButtonDown 路由事件在其路由中到达派生自此类的元素时，调用此方法。实现此方法可为此事件添加类处理
OnMouseRightButtonUp	当未处理的 MouseRightButtonUp 路由事件在其路由中到达派生自此类的元素时，调用此方法。实现此方法可为此事件添加类处理
OnMouseUp	当未处理的 Mouse.MouseUp 路由事件在其路由中到达派生自此类的元素时，调用此方法。实现此方法可为此事件添加类处理
OnMouseWheel	当未处理的 Mouse.MouseWheel 附加事件在其路由中到达派生自此类的元素时，调用此方法。实现此方法可为此事件添加类处理
RemoveLogicalChild	从此元素的逻辑树中移除所提供的对象。FrameworkElement 将更新受影响的逻辑树父级指针，以便与此删除操作保持同步
RemoveVisualChild	移除两个可视对象之间的父子关系
SetBinding（DependencyProperty, BindingBase）	根据提供的绑定对象，将绑定附加到此元素上
ToString	提供 ItemsControl 对象的字符串表示形式

表 6-18　ComboBox 控件的常用事件

事 件 名 称	说　　明
DropDownClosed	当关闭组合框的下拉列表时发生
DropDownOpened	当打开组合框的下拉列表时发生
FocusableChanged	当 Focusable 属性的值更改时发生
GotFocus	在此元素获得逻辑焦点时发生
GotKeyboardFocus	在此元素聚焦于键盘时发生
GotMouseCapture	在此元素捕获鼠标时发生
GotStylusCapture	在此元素捕获触笔时发生
GotTouchCapture	在此元素上捕获触摸屏输入时发生
Initialized	初始化此 FrameworkElement 时发生
IsEnabledChanged	在此元素的 IsEnabled 属性值更改时发生
IsMouseCapturedChanged	在此元素的 IsMouseCaptured 属性值更改时发生
IsVisibleChanged	在此元素的 IsVisible 属性值更改时发生
KeyDown	在焦点位于此元素上并且用户按下键时发生
KeyUp	在焦点位于此元素上并且用户释放键时发生
LayoutUpdated	在与当前 Dispatcher 关联的各种可视元素的布局更改时发生
MouseDoubleClick	当鼠标按钮单击两次或多次发生
MouseDown	在指针位于此元素上并且按下任意鼠标按钮时发生
MouseEnter	在鼠标指针进入此元素的边界时发生
MouseLeave	在鼠标指针离开此元素的边界时发生
MouseLeftButtonDown	在鼠标指针位于此元素上并且按下鼠标左键时发生
MouseLeftButtonUp	在鼠标指针位于此元素上并且松开鼠标左键时发生
MouseMove	在鼠标指针位于此元素上并且移动鼠标指针时发生
MouseRightButtonDown	在鼠标指针位于此元素上并且按下鼠标右键时发生
MouseRightButtonUp	在鼠标指针位于此元素上并且松开鼠标右键时发生
MouseUp	在鼠标指针位于此元素上并且松开任意鼠标按钮时发生
MouseWheel	在鼠标指针位于此元素上并且用户滚动鼠标滚轮时发生
SelectionChanged	当 Selector 的选择更改时发生
TextInput	在此元素以设备无关模式获取文本时发生

创建一个 ComboBoxItem 类的代码示例：

```csharp
public class ComboBoxItem
{
    private string _text = null;
    private object _value = null;
    public string Text { get { return this._text; } set { this._text = value; } }
    public object Value { get { return this._value; } set { this._value = value; } }
    public override string ToString()
    {
        return this._text;
    }
}
```

6.2.7 C#中的 CheckBox 控件

CheckBox 控件的常用属性见表 6-19。

表 6-19 CheckBox 控件的常用属性

属性名称	说明
TextAlign	用来设置控件中文字的对齐方式,有 9 种选择:ContentAlignment.TopLeft、ContentAlignment.TopCenter、ContentAlignment.TopRight、ContentAlignment.MiddleLeft、ContentAlignment.MiddleCenter、ContentAlignment.MiddleRight、ContentAlignment.BottomLeft、ContentAlignment.BottomCenter、ContentAlignment.BottomRight。该属性的默认值为 ContentAlignment.MiddleLeft,即文字左对齐、居控件垂直方向中央
ThreeState	用来返回或设置复选框是否能表示三种状态,如果属性值为 true,表示可以表示三种状态——选中、没选中和中间态(CheckState.Checked、CheckState.Unchecked 和 CheckState.Indeterminate);属性值为 false 时,只能表示两种状态——选中和没选中
Checked	用来设置或返回复选框是否被选中。值为 true 时,表示复选框被选中;值为 false 时,表示复选框没被选中。当 ThreeState 属性值为 true 时,中间态也被选中
CheckState	用来设置或返回复选框的状态。在 ThreeState 属性值为 false 时,取值有 CheckState.Checke、CheckState.Unchecked。在 ThreeState 属性值为 true 时,CheckState 还可以取值 CheckState.Indeterminate,此时,复选框显示为浅灰色选中状态,该状态通常表示该选项下的多个子选项未被完全选中。CheckBox 控件的常用事件有 Click 和 CheckedChanged 等,其含义及触发时机与单选按钮完全一致

下面的代码示例创建了一个 CheckBox 并对它进行了初始化,为它赋予了切换按钮的外观,将 AutoCheck 设置为 false,并将该复选框添加到 Form 中。

```
public void InstantiateMyCheckBox()
{
    // Create and initialize a CheckBox.
    CheckBox checkBox1 = new CheckBox();
    // Make the check box control appear as a toggle button.
    checkBox1.Appearance = Appearance.Button;
    // Turn off the update of the display on the click of the control.
    checkBox1.AutoCheck = false;
    // Add the check box control to the form.
    Controls.Add(checkBox1);
}
```

6.2.8 C#中的 SerialPort 类

现在大多数硬件设备均采用串口技术与计算机相连,因此串口的应用程序开发越来越普遍。例如,在计算机没有安装网卡的情况下,将本机上的一些信息数据传输到另一台计算机上,那么利用串口通信就可以实现。

.NET Framework 2.0 中提供了 SerialPort 类,SerialPort 类是免费提供的串口类,支持线连接(非 Modem)的串口编程操作。

SerialPort 类是基于多线程的,其工作流程如下:首先设置好串口参数,再开启串口检测工作线程,串口检测工作线程检测到串口接收到的数据、流控制事件或其他串口事件后,就以消息方式通知主程序,激发消息处理函数来进行数据处理。这是对接收数据而言的,发送数据可直接向串口发送。SerialPort 类的常用属性和方法见表 6-20 和表 6-21。

表 6-20 SerialPort 类的常用属性

属性名称	说明
BaseStream	获取 SerialPort 对象的基础 Stream 对象
BaudRate	获取或设置串行波特率
BreakState	获取或设置中断信号状态
BytesToRead	获取接收缓冲区中数据的字节数
BytesToWrite	获取发送缓冲区中数据的字节数
CanRaiseEvents	获取一个指示组件是否可以引发事件的值
CDHolding	获取端口的载波检测行的状态
Container	获取 IContainer,它包含 Component
CtsHolding	获取"可以发送"行的状态
DataBits	获取或设置每个字节的标准数据位长度
DesignMode	获取一个值,用以指示 Component 当前是否处于设计模式
DiscardNull	获取或设置一个值,该值指示 Null 字节在端口和接收缓冲区之间传输时是否被忽略
DsrHolding	获取数据设置就绪（DSR）信号的状态
DtrEnable	获取或设置一个值,该值在串行通信过程中启用数据终端就绪（DTR）信号
Encoding	获取或设置传输前后文本转换的字节编码
Events	获取附加到此 Component 事件处理程序的列表
Handshake	获取或设置串行端口数据传输的握手协议
IsOpen	获取一个值,该值指示 SerialPort 对象的打开或关闭状态
NewLine	获取或设置用于解释 ReadLine 和 WriteLine 方法调用结束的值
Parity	获取或设置奇偶校验检查协议
ParityReplace	获取或设置一个字节,该字节在发生奇偶校验错误时替换数据流中的无效字节
PortName	获取或设置通信端口,包括但不限于所有可用的 COM 端口
ReadBufferSize	获取或设置 SerialPort 输入缓冲区的大小
ReadTimeout	获取或设置读取操作未完成时发生超时之前的毫秒数
ReceivedBytesThreshold	获取或设置 DataReceived 事件发生前内部输入缓冲区中的字节数
RtsEnable	获取或设置一个值,该值指示在串行通信中是否启用请求发送（RTS）信号
Site	获取或设置 Component 的 ISite
StopBits	获取或设置每个字节的标准停止位数
WriteBufferSize	获取或设置串行端口输出缓冲区的大小
WriteTimeout	获取或设置写入操作未完成时发生超时之前的毫秒数

表 6-21 SerialPort 类的常用方法

方法名称	说明
Close	关闭端口连接,将 IsOpen 属性设置为 false,并释放内部 Stream 对象
CreateObjRef	创建一个对象,该对象包含生成用于与远程对象进行通信的代理所需的全部相关信息
DiscardInBuffer	丢弃来自串行驱动程序接收缓冲区的数据
DiscardOutBuffer	丢弃来自串行驱动程序传输缓冲区的数据
Dispose（）	释放由 Component 使用的所有资源
Dispose（Boolean）	释放由 SerialPort 占用的非托管资源,还可以另外再释放托管资源
Equals（Object）	确定指定的对象是否等于当前对象

第 6 章 串口通信技术

（续）

方法名称	说 明
Finalize	在通过垃圾回收将 Component 回收之前释放非托管资源并执行其他清理操作
GetHashCode	用做特定类型的哈希函数
GetLifetimeService	检索控制此实例生存期策略的当前生存期服务对象
GetPortNames	获取当前计算机的串行端口名称数组
GetService	返回一个对象，该对象表示由 Component 或它的 Container 提供的服务
GetType	获取当前实例的 Type
InitializeLifetimeService	获取控制此实例生存期策略的生存期服务对象
MemberwiseClone()	创建当前 Object 的浅表副本
MemberwiseClone(Boolean)	创建当前 MarshalByRefObject 对象的浅表副本
Open	打开一个新的串行端口连接
Read9(Byte[],Int32,Int32)	从 SerialPort 输入缓冲区读取一些字节并将这些字节写入字节数组中指定的偏移量处
Read(Char[],Int32,Int32)	从 SerialPort 输入缓冲区中读取大量字符，然后将这些字符写入到一个字符数组中指定的偏移量处
ReadByte	从 SerialPort 输入缓冲区中同步读取一个字节
ReadChar	从 SerialPort 输入缓冲区中同步读取一个字符
ReadExisting	在编码的基础上，读取 SerialPort 对象的流和输入缓冲区中所有立即可用的字节
ReadLine	一直读取到输入缓冲区中的 NewLine 值
ReadTo	一直读取到输入缓冲区中的指定 Value 的字符串
ToString	返回包含 Component 名称的 String（如果有）。不应重写此方法
Write(String)	将指定的字符串写入串行端口
Write(Byte[],Int32,Int32)	使用缓冲区的数据将指定数量的字节写入串行端口
Write(Char[],Int32,Int32)	使用缓冲区的数据将指定数量的字符写入串行端口
WriteLine	将指定的字符串和 NewLine 值写入输出缓冲区

例如：

（1）新建一个项目，命名为 Ex13_01，默认窗体为 Form1。

（2）在 Form1 窗体中添加两个 Button 控件，分别用于执行发送数据和接受数据；添加两个 TextBox 控件，用于输入发送数据和显示接收数据。

（3）主要程序代码：

```
private void button1_Click（object sender, EventArgs e）
{
    serialPort1.PortName = "COM1";
    serialPort1.BaudRate = 9600;
    serialPort1.Open（）;
    byte[] data = Encoding.Unicode.GetBytes（textBox1.Text）;
    string str = Convert.ToBase64String（data）;
    serialPort1.WriteLine（str）;
    MessageBox.Show（"数据发送成功！","系统提示"）;
}
private void button2_Click（object sender, EventArgs e）
{
    byte[] data = Convert.FromBase64String（serialPort1.ReadLine（））;
    textBox2.Text = Encoding.Unicode.GetString（data）;
    serialPort1.Close（）;
```

MessageBox.Show（"数据接收成功！","系统提示"）;
}

6.2.9　C#中的委托与代理

.NET Framework 2.0 中提供了 Delegate 类，表示委托。委托是一种数据结构，是指向一个方法的指针，是一种安全的封装方法类型。

委托是一种数据类型（的实例），这种类型引用一个方法，一旦为一个委托分配（可以理解为"挂接"）上一个方法，那么它的行为将与这个方法一致，委托可以像任何方法一样使用，如参数及返回值等。

代理是一个可以引用方法的对象。创建一个代理也就创建了一个引用方法的对象，进而通过此引用就可以调用那个方法。因此，代理可以调用它所指向的方法。尽管方法不是对象，但它在内存中也有物理地址，此地址就是方法的入口点，也就是方法被调用的地址。方法的地址可以赋给代理。

一旦一个代理引用了一个方法，就可以通过此代理来调用所有引用的方法，而且代理引用的方法是可以改变的，这样同一个代理就可以调用多个不同的方法。代理的主要优势就是允许指定调用方法，方法不是在编译时确定的，而是在运行时才决定的。

委托类型声明的格式如下：

public delegate void TestDelegate（string message）;

delegate 关键字用于声明一个引用类型，该引用类型可用于封装命名方法或匿名方法；TestDelegate 指定代理名称，可以进行自定义命名。（string message）代表了 parameter-list 用来指定代理调用的方法所需的参数列表。委托声明中的参数列表极其重要，与返回类型共同制约着代理的成功与否。只有在代理中两者都满足了委托声明的一致性，代理才能生效。

一旦声明了代理，此代理就只能调用代理指定的与返回值类型和参数相吻合的方法。使用代理时，最重要的一点就是代理只能调用和其特征相吻合的方法。这使得代理可以在运行时决定调用哪个方法。而且代理不但可以调用对象的实例化方法，还可以调用类的静态方法。所有的问题都归结于方法的特征要与代理相吻合。

下面是一些需要注意的事项：

（1）在 C#中，所有的代理都是从 System.Delegate 类派生的（delegate 是 System.Delegate 的别名）。

（2）代理隐含具有 sealed 属性，即不能用来派生新的类型。

（3）代理最大的作用就是为类的事件绑定事件处理程序。

（4）在通过代理调用函数前，必须先检查代理是否为空（null）。若非空，才能调用函数。

（5）在代理实例中可以封装静态的方法，也可以封装实例方法。

（6）在创建代理实例时，需要传递将要映射的方法或其他代理实例以指明代理将要封装的函数原型（.NET 中称为方法签名：signature）。如果映射的是静态方法，传递的参数应该是类名.方法名；如果映射的是实例方法，传递的参数应该是实例名.方法名。

（7）只有当两个代理实例所映射的方法以及该方法所属的对象都相同时，才认为它们是相等的（从函数地址考虑）。

（8）多个代理实例可以形成一个代理链，System.Delegate 中定义了用来维护代理链的静态方法 Combion、Remove，分别向代理链中添加代理实例和删除代理实例。

（9）代理的定义必须放在任何类的外面，如 delegate int MyDelegate（）；而在类的方法中调用 MyDelegate d=new MyDelegate（MyClass.MyMethod）来实例化自定义代理的实例。

（10）代理三部曲：

1）自定义代理类：delegate 0t yDelegate（）。

2）实例化代理类：MyDelegate d=new MyDelegate（MyClass.MyMethod）。

3）通过实例对象调用方法：intret=d（）。

下面的示例代码体现了委托代理中的几个关键点：代理一个静态的方法和匿名方法，同时也可以代理封装命名方法。

```
using System;
using System.Collections.Generic;
using System.Linq;
using System.Text;

namespace delegate1
{
    public delegate void SampleDelegate（string message）;
    public class Test1      //
    {
        public void strConvert（string strExample）
        {
            Console.WriteLine（Convert.ToInt32（strExample））;
            Console.ReadLine（）;
        }
    }
    class Program
    {
        static void SampleDelegateMethod（string message）     //声明一个静态方法
        {
            Console.WriteLine（message）;
            Console.ReadLine（）;
        }
        static void SampleDelegateMethod1（string message）    //声明一个静态方法
        {
            Console.WriteLine（message+"123"）;
            Console.ReadLine（）;
        }
        static void Main（string[] args）
        {
            Test1 test1 = new Test1（）;
            SampleDelegate d1 = SampleDelegateMethod;   //  代理静态方法
            SampleDelegate d2 = SampleDelegateMethod1;
            SampleDelegate d3 = delegate（string message）
            {
                Console.WriteLine（message + "456"）;
                Console.ReadLine（）;
            };
            SampleDelegate d4 = new SampleDelegate（test1.strConvert）;   //代理实例化方法
            d1（"Hello"）;
```

```
            d2 ("World");
            d3 ("123");
            d4 ("789");
        }
    }
}
```

程序分析：本例程序声明了一个称为 SampleDelegate 的代理，带有一个 string 型的参数，没有返回值。

在类 Program 中声明了两个静态方法和一个匿名方法，每个静态方法都有一个匹配特征，对传进来的字符串进行了不同的处理。同样匿名方法也实现了字符串的处理作用。

在静态方法 SampleDelegateMethod（）中实现了对传入字符串的原本输出，以作为下面实例的比较；在 SampleDelegateMethod1（）方法中实现了对传入字符串的添加字符输出，将传出的字符串后面拼接上 123；在匿名方法 SampleDelegateMethod1（）中实现了字符串拼接的不同性，实现了不同的字符串处理方法。

同时 Test1 定义了一个类，其中定义了一个 strConvert 方法，其基本的属性与委托的声明保持一致，含有一个字符串的参数，无返回值。SampleDelegated4=new SampleDelegate（test1.strConvert）实现了实例化方法的代理，这样就可以通过代理 d4 的实例方法来操纵字符串。当实例化代理时，只指定想要引用的代理的方法名（注意：不加后面的"（）"），同时所引用方法的特征与代理的声明相匹配，否则会导致编译错误。

6.2.10　C#中的线程

.NET Framework 2.0 中提供了 Thread 类，用于创建并控制线程，设置线程的优先级并获取线程的状态。在.Net 中，线程是由 System.Threading 命名空间所定义的。

在使用线程的时候首先要引用一个线程 System.Threading 命名空间，该命名空间的线程类描述了一个线程对象，通过使用类对象，可以创建、删除、停止及恢复一个线程。主要涉及关键的方法见表 6-22。

表 6-22　线程关键方法

方法名称	说明
Abort	终止本线程
GetDomain	返回当前线程正在其中运行的当前域
GetDomainId	返回当前线程正在其中运行的当前域 Id
Interrrupt	中断处于 WaitSleepJoin 线程状态的线程
Join	已重载。阻塞调用线程，直到某个线程终止时为止
Resume	继续运行已挂起的线程
Start	执行本线程
Suspend	挂起当前线程。如果当前线程已属于挂起状态，则不起作用
Sleep	把正在运行的线程挂起一段时间

下面介绍 Thread 类的主要用法。

（1）创建一个新线程要通过 new 操作，并可以通过 start（）方法来启动线程。

```
Thread thread = new Thread（new ThreadStart（HelloWorld））;
thread.Start（）;
```

第 6 章　串口通信技术

注意：和 Java 程序不同，创建新线程并调用 start（）方法后并不去调用 run（）方法，而是传递线程调用程序。

（2）下面是启动线程执行的函数：

```
protected void HelloWorld（）
{
string str；
Console.write（"helloworld"）；
}
```

（3）停止一个线程：Thread.Sleep 方法能够在一个固定周期内停止一个线程。

thread.Sleep（）；

（4）杀死一个线程：线程类的 Abort（）方法可以永久地杀死一个线程。在杀死一个线程前应该判断线程是否在生存期间。

```
if（thread.IsAlive）
{
thread.Abort（）；
}
```

（5）设定线程优先级：线程类中的 ThreadPriority 属性用来设定一个 ThreadPriority 的优先级别。线程优先级别包括 Normal、AboveNormal、BelowNormal、Highest 和 Lowest 几种。

thread.Priority = ThreadPriority.Highest；

（6）挂起一个线程：调用线程类的 Suspend（）方法将挂起一个线程，直到使用 Resume（）方法唤起它。在挂起一个线程前应该判断线程是否在活动期间。

```
if（thread.ThreadState == ThreadState.Running）
{
thread.Suspend（）；
}
```

（7）唤起一个线程：通过使用 Resume（）方法可以唤起一个被挂起的线程。在挂起一个线程前应该判断线程是否在挂起期间，如果线程未被挂起则方法不起作用。

```
if（thread.ThreadState == ThreadState.Suspended）
{
thread.Resume（）；
}
```

在很多情况下，可能要在各个线程中分别执行存在轻微差别的任务，同时需要把某种参数从一种任务所在的线程传递给另一任务所在的线程。要完成这一目标可以采取好几种合理的方式，最直接的做法就是创建一个 Task 对象，由它保存线程、特有的参数以及提供 ThreadStart 指派的 Worker 方法。利用 Worker 方法即可读取所提供的参数，因为它正好就是 Task 对象的成员，所以对线程当然是唯一的。通过令线程成为一种公共字段，就可以获得访问线程所有成员的权限，而不必编写额外的封装代码。Thread 类型的属性与方法见表 6-23、表 6-24。

表 6-23　Thread 类型的属性

属性名称	说　　明
CurrentCulture	获取或设置当前线程的区域性
CurrentThread	获取当前正在运行的线程
IsAlive	获取一个值，该值指示当前线程的执行状态
Name	获取或设置线程的名称
ThreadState	获取一个值，该值包含当前线程的状态

表 6-24　Thread 类型的方法

方法名称	说明
Abort	安全关键。在调用此方法的线程上引发 ThreadAbortException，以开始终止此线程的过程。调用此方法通常会终止线程
Sleep（Int32）	将当前线程挂起指定的时间
Start（）	导致操作系统将当前实例的状态更改为 ThreadState.Running

C#支持通过多线程并行地执行代码，一个线程有它独立的执行路径，能够与其他的线程同时运行。一个 C#程序开始于一个单线程，这个单线程是被 CLR 和操作系统（也称为"主线程"）自动创建的，并具有多线程创建额外的线程的功能。

线程被一个线程协调程序管理着——一个 CLR 委托给操作系统的函数。线程协调程序确保所有活动的线程被分配适当的执行时间；并且那些等待或阻止的线程——比如说在排它锁中或在用户输入——都是不消耗 CPU 时间的。

在单核处理器的计算机中，线程协调程序完成一个时间片之后迅速地在活动的线程之间进行切换执行。这就导致系统的开销大大增加，在 Windows XP 中时间片通常在 10 毫秒内选择，开销要比 CPU 在处理线程切换时的消耗大得多。

在多核的计算机中，多线程被实现成混合时间片和真实的并发，不同的线程在不同的 CPU 上运行。这几乎可以肯定仍然会出现一些时间切片，由于操作系统的需要服务自己的线程，以及一些其他的应用程序。

线程由于外部因素（如时间片）被中断，称为被抢占。在大多数情况下，一个线程方面在被抢占的那一时刻就失去了对它的控制权。

线程与进程的区别和联系在于属于一个单一的应用程序的所有的线程逻辑上被包含在一个进程中，进程指一个应用程序所运行的操作系统单元。

线程与进程有某些相似的地方。比如进程通常以时间片方式与其他在计算机中运行的进程方式与一个 C#程序线程运行的方式大致相同。二者的关键区别在于进程彼此是完全隔绝的。线程与运行在相同程序的其他线程共享内存，一个线程可以在后台读取数据，而另一个线程可以在前台展现已读取的数据。

```
using System;
using System.Collections.Generic;
using System.Linq;
using System.Text;
using System.Threading;
namespace Test
{
    class Program
    {
        static void Main（string[] args）
        {
            Thread thread;
            Thread thread1;
            Myclass myclass = new Myclass（）;
            thread = new Thread（new ThreadStart（myclass.MyThread1））;
            thread1 = new Thread（new ThreadStart（myclass.MyThread2））;
            thread.Start（）;
```

```
                thread1.Start（）；
                Thread.Sleep（20000）；
                Console.WriteLine（thread.ThreadState）；
                Console.WriteLine（thread1.ThreadState）；
                Console.ReadLine（）；

            }
        }
        class Myclass
        {
            public void MyThread1（）
            {
                Console.WriteLine("大家好,我是线程 1")；
            }
            public void MyThread2（）
            {
                Console.WriteLine("大家好,我是线程 1")；
            }
        }
    }
```

6.3 串口通信技术开发

6.3.1 引导任务

以下将实现串口通信程序的设计。通过具体的串口通信实例对串口通信原理有一个直观的理解，并作为本书后面学习内容的基础。

在进行串口通信时，一般的流程是设置通信端口号及波特率、数据位、停止位和校验位，打开端口连接，发送数据，接收数据，关闭端口连接这样几个步骤。实现的主要功能包括：

（1）串口基本参数的设置。
（2）串口的打开与关闭。
（3）通过串口发送十六进制数据。
（4）通过串口接收十六进制数据。

6.3.2 开发环境

系统要求：Windows 7/XP。
开发工具：Visual Studio 2010。
开发语言：C#。
硬件设备：串口线（或用串口模拟器软件代替）。

6.3.3 界面设计

（1）新建窗体 Form：将 Form 控件命名为："Frm_SP"，属性 Text 的值为"串口通信"，窗体作为整个程序各个功能控件的载体。
（2）添加 2 个 ComboBox 控件，分别命名为"Cb_Sp"和"Cb_Bt"，表示串口名称和串口的波特率，分别添加 Label 控件加以标识。

（3）添加1个 Button 控件，命名为"Btn_Open"，用来触发打开串口事件。

（4）添加2个 GroupBox 控件，分别命名为"Gb_Receive""Gb_Send"，属性 Text 的值分别为"数据接收"和"数据发送"，作为其他控件的容器。

（5）在 Text 值为"数据接收"的 GroupBox 控件中添加 RichTextBox 控件，命名为"txtMsg"；在 Text 值为"数据发送"的 GroupBox 控件中添加 RichTextBox 控件，命名为"txtSendMsg"。RichTextBox 分别用来获取和显示发送、接收的信息。在 Text 值为"发送"的 GroupBox 控件中添加一个 Button 控件，命名为 Btn_Send 控件，用来触发发送事件。

（6）在 Text 值为"数据接收"的 GroupBox 控件中添加2个 RadioBox 控件，命名为"Rab_Hex"和"Rab_Com"，用来表示十六进制的选项和换行选项；在 Text 值为"数据发送"的 GroupBox 控件中添加 RadioBox 控件，命名为"Rab_HexS"，用来表示发送数据十六进制的选项。

客户端程序界面设计示例图，如图6-1所示。

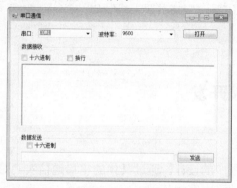

图 6-1　客户端程序界面设计示例图

程序窗体、控件对象的主要属性设置见表6-25。

表 6-25　程序窗体、控件对象的主要属性设置

控件属性	主要属性	功　能
Form	（Name）=Frm_SP	窗体控件
	Text="串口通信"	窗体标题栏显示的程序名称
GroupBox	（Name）= Gb_Send	组容器
	Text="数据发送"	作为各类控件容器
GroupBox	（Name）= Gb_Receive	组容器
	Text="数据接收"	作为各类控件容器
TextBox	（Name）= txtSend	文本框控件
	Text=""	发送信息
TextBox	（Name）= txtName	文本框控件
	Text=""	输入用户名
Button	（Name）= btnCon	事件执行控件
	单击事件=btnCon_Click	按钮被单击时执行操作
	Text="打开"	设置显示名称
Button	（Name）= btnSend	事件执行控件
	单击事件=btnSend_Click	按钮被单击时执行发送操作
	Text="发送"	设置显示名称
richTextBox	（Name）= txtMsg	多行文本框控件

6.3.4 代码实现

1. 引用命名空间

System.IO.Ports 命名空间包含了控制串口重要的 SerialPort 类,该类提供了同步 I/O 和事件驱动的 I/O、对管脚和中断状态的访问以及对串行驱动程序属性的访问,所以在程序代码起始位置需加入 Using System.IO.Ports。

2. 串口实例化与通信参数

(1)通信端口号:PortName 的属性为获取或设置通信端口,包括但不限于所有可用的 COM 端口,该属性返回类型为 String。通常情况下,PortName 正常返回的值为 COM1、COM2……。SerialPort 类最大支持的端口数突破了 CommPort 控件中 CommPort 属性不能超过 16 的限制,大大方便了用户串口设备的配置。

(2)通信格式:SerialPort 类分别用 BaudRate、Parity、DataBits、StopBits、ReadTimeout 属性设置通信格式中的波特率、数据位、停止位、校验位和延时时长。其中,Parity 和 StopBits 分别是枚举类型 Parity、StopBits,Parity 类型中枚举了 Odd(奇)、Even(偶)、Mark、None、Space,Parity 枚举了 None、One、OnePointFive、Two。ReadTimeout 单位设置为毫秒。

SerialPort 类提供了七个重载的构造函数,既可以对已经实例化的 SerialPort 对象设置上述相关属性的值,也可以使用指定的端口名称、波特率、奇偶校验位中的数据位和停止位直接初始化 SerialPort 类的新实例。

示例代码:

```
private SerialPort comm = new SerialPort();//实例化串口类
serialPort1.PortName = "com1";
serialPort1.BaudRate = 9600;
serialPort1.DataBits = 8;
serialPort1.Parity = Parity.None;
serialPort1.StopBits =  StopBits.One;
serialPort1.ReadTimeout = 1000;
```

3. 串口的打开和关闭

SerialPort 调用类的 Open() 和 Close() 方法对端口进行打开关闭操作。

示例代码:

```
private void SerialPort_Open()
        {
            if (comm.IsOpen)
            {
              comm.Close();
            }
            else
            {
                comm.PortName =comboPortName.Text;
                comm.BaudRate = int.Parse(comboBaudrate.Text);
                try
                {
                    comm.Open();
                }
```

```
            catch (Exception ex)
            {
             comm = new SerialPort ();
             MessageBox.Show (ex.Message);
            }
        }
        button2.Text = comm.IsOpen？"关闭" : "打开";
        buttonSend.Enabled = comm.IsOpen;
    }
```

4．数据的发送和读取

Serial 类调用重载的 Write 和 WriteLine 方法发送数据。其中，WriteLine 可发送字符串并在字符串末尾加入换行符。读取串口缓冲区的方法有许多，除了 ReadExisting 和 ReadTo，其余的方法都是同步调用，线程被阻塞直到缓冲区有相应的数据或大于 ReadTimeOut 属性设定的时间值后引发 ReadExisting 异常。

示例代码：

```
    private void buttonSend_Click (object sender, EventArgs e)
    {
        int n = 0;
            if (checkBoxHexSend.Checked)
        {
            MatchCollection mc = Regex.Matches (txSend.Text, @"(?i)[/da-f]{2}");
            List<byte> buf = new List<byte> ();
            foreach (Match m in mc)
            {
                buf.Add (byte.Parse (m.Value));
            }
            comm.Write (buf.ToArray (), 0, buf.Count);
            n = buf.Count;
        }
        else
    {
        if (checkBoxNewlineSend.Checked)
            {
                comm.WriteLine (txSend.Text);
                n = txSend.Text.Length + 2;
            }
            else
            {
                comm.Write (txSend.Text);
                n = txSend.Text.Length;
            }
        }
        send_count += n;
    }
```

5．DataReceived 事件

DataReceived 事件用来接收串口返回的数据。DataReceived 事件在接收到了 Received BytesThreshold 设置的字符个数或接收到文件结束字符并将其放入输入缓冲区时被触发。

示例代码：

```csharp
comm.DataReceived += comm_DataReceived; //程序加载时注册
void comm_DataReceived（object sender, SerialDataReceivedEventArgs e）
        {
            int n = comm.BytesToRead;
 byte[] buf = new byte[n];
            received_count += n;
            comm.Read（buf, 0, n）;
            builder.Clear（）;
            this.Invoke（(EventHandler)（delegate
            {
                if（checkBoxHexView.Checked）
                {
                    foreach（byte b in buf)
                    {
                        builder.Append（b.ToString（"X2"） +" "）;
                    }
                }
                else
                {
                    builder.Append（Encoding.ASCII.GetString（buf））;
                }
                this.txGet.AppendText（builder.ToString（））;
            }）);
        }
```

第 7 章
网络通信技术

7.1 网络通信概述

7.1.1 UDP 概述

1. UDP 简介

UDP 是 User Datagram Protocol 的简称，中文名是用户数据包协议，是 OSI 参考模型中一种无连接的传输层协议，提供面向事务的简单、不可靠信息传送服务。

UDP 报头由 4 个域组成，每个域占用 2B，主要由源端口号、目标端口号、数据报长度、校验值组成。

UDP 使用端口号为不同的应用保留其各自的数据传输通道。UDP 和 TCP 正是采用这一机制实现对同一时刻内多项应用发送和接收数据的支持。数据发送一方（可以是客户端或服务器端）将 UDP 数据报通过源端口发送出去，数据接收一方通过目标端口接收数据。有的网络应用只能使用预先为其预留或注册的静态端口，另外一些网络应用则可以使用未被注册的动态端口。因为 UDP 报头使用 2B 存放端口号，所以端口号的有效范围是 0~65535。一般来说，大于 49151 的端口号都代表动态端口。

数据报的长度是指包括报头和数据部分在内的总字节数。因为报头的长度是固定的，所以该域主要被用来计算可变长度的数据部分（又称为数据负载）。数据报的最大长度根据操作环境的不同而不同。从理论上说，包含报头在内的数据报的最大长度为 65535B。不过，一些实际应用往往会限制数据报的大小，有时会降低到 8192B。

UDP 使用报头中的校验值来保证数据的安全。校验值首先在数据发送方通过特殊的算法计算得出，在传递到接收方之后需要再重新计算。如果某个数据报在传输过程中被第三方篡改或者由于线路噪声等原因受到损坏，发送和接收方的校验计算值将不会相符，由此 UDP 可以检测是否出错。这与 TCP 是不同的，UDP 要求必须具有校验值。

许多链路层协议都提供错误检查，包括流行的以太网协议，其原因是链路层以下的协议在源端和终端之间的某些通道可能不提供错误检测。虽然 UDP 提供错误检测，但检测到错误时，UDP 不做错误校正，只是简单地把损坏的消息段扔掉，或者给应用程序提供警告信息。

2. UDP 的特性

（1）UDP 是一个无连接协议，传输数据之前源端和终端不建立连接，当它想传送时就简单地去抓取来自应用程序的数据，并尽可能快地把它扔到网络上。在发送端，UDP 传送数据的速度仅仅受应用程序生成数据的速度、计算机的能力和传输带宽的限制；在接收端，UDP 把每个消息段放在队列中，应用程序每次从队列中读一个消息段。

（2）由于传输数据不建立连接，也就不需要维护连接状态，包括收发状态等，因此一台服务机可同时向多个客户机传输相同的消息。

（3）UDP 信息包的标题很短，只有 8B，相对于 TCP 的 20B 信息包的额外开销很小。

（4）吞吐量不受拥挤控制算法的调节，只受应用软件生成数据的速率、传输带宽、源端和终端主机性能的限制。

（5）UDP 尽最大可能交付，即不保证可靠交付，因此主机不需要维持复杂的链接状态表。

（6）UDP 是面向报文的。发送方的 UDP 对应用程序交付的报文，在添加首部后就向下交付给 IP 层，既不拆分，也不合并，而是保留这些报文的边界，因此，应用程序需要选择合适的报文大小。

虽然 UDP 是一个不可靠的协议，但它是分发信息的一个理想协议。例如，在屏幕上报告股票市场、在屏幕上显示航空信息等。UDP 也用在路由信息协议（Routing Information Protocol，RIP）中修改路由表。在这些应用场合下，如果有一个消息丢失，在几秒之后另一个新的消息就会替换它。

7.1.2 TCP/IP 概述

1. TCP/IP 的起源

很早以前，人类的祖先就一直在考虑简便、快捷、准确的通信方式，从早期的驿站到近代的电报、电话、无线电、计算机，再到 1969 年，美苏冷战期间，美国政府机构试图开发一套机制用来连接各个离散的网络系统，以应付战争危机的需求。这个计划就是由美国国防部委托美国高级计划研究局（Advanced Research Project Agency，ARPA）发展的 ARPANET 网络系统，研究当部分计算机网络遭到攻击而瘫痪时，是否能够透过其他未瘫痪的线路来传送资料。

最初的 ARPANET 包括 4 台主机，这个网络使用网络控制协议（Network Control Protocol，NCP），向用户提供的服务包括登录到远程主机、在一个远程打印机上打印、传输文件等。

1974 年，在 ARPANET 诞生后的短短五年里，Vinton Cerf 和 Robert Kahn 发明了传输控制协议（Transmission Control Protocol，TCP），一个设计成相对于底层计算机和网络独立的协议族，在 20 世纪 80 年代初代替了受限的 NCP。由于 TCP 使得其他类似 ARPANET 的不同种网络可以相互通信，从而使得 ARPANET 的发展超过了任何人的想象。

由于 TCP 提供了网络所需要的可靠性，因此，研究者们开始不断扩充此协议，后来将这些协议称为 TCP/IP 协议族。

TCP/IP 技术是完全公开的，因此它不属于任何厂商或专业协会所有，在网络的整个发展过程中，所有的思想和着重点都以 RFC 的文档格式存在，这些文档讨论了与网络相关的很多方面。

2. TCP/IP 网络协议

协议是对等的网络实体之间通信的规则，可以简单地理解为网络上各计算机彼此交流的一种"语言"。网络通信协议设计的基本原则是层次化,层和协议的集合被称为网络体系结构。相邻层之间的接口定义了下层向上层提供的基本操作和服务。

通常所说的 TCP/IP 是一组协议的总称,它包括 100 多个相互关联的协议,其中网际协议(Internet Protocol,IP)是网络层最重要的协议,TCP 和 UDP 是传输层中最主要的协议。一般认为 IP、TCP、UDP 是最根本的三种协议,是其他协议的基础。

IP 定义了数据报传输的格式和规则;TCP 是可靠服务、面向连接的协议;UDP 是不可靠、无连接的协议。

IP 将来自传输层的数据封装 IP 数据包,送往作为目的地的接收端,IP 最重要的作用就是将数据传送到目的计算机上。它在传送中有以下特点:

(1) 不保证一定将数据传送到目的计算机上。
(2) 不保证数据是按照发送的顺序到达目的计算机。
(3) 不保证数据在传输过程中不受损坏。
(4) 最大长度有一定的限制。

TCP 建立在 IP 之上,定义了网络上数据传输的格式和规则,提供了 IP 数据包的传输确认、丢失数据报的重新请求、将收到的数据包按照它们的发送次序重新装配的机制。TCP 是面向连接的协议,在开始传输数据之前必须先建立明确的连接。

UDP 也是建立在 IP 之上,但是它是一种无连接的协议,消息从一台计算机发送到另一台计算机,两者之间没有明确的连接。UDP 中的 Datagram 是一种自带寻址信息的,独立地从数据源走到终点的数据包。UDP 不保证数据的传输,也不提供重新排列次序或重新请求功能,它是不可靠的。虽然 UDP 的不可靠性限制了它的应用场合,但它比 TCP 具有更好的传输效率。

3. TCP/IP 参考模型和 OSI 参考模型的比较

两个参考模型有很多相似之处,如它们都是基于独立的协议栈的概念,层的功能也大体相似。

除了这些基本的相似之处以外,它们也有很多差别,其中有两个最主要的差别:①层的数量不同,OSI 模型是 7 层,TCP/IP 模型是 4 层。②面向连接的和无连接的通信方式。OSI 模型在网络层支持无连接和面向连接的通信,但在传输层仅支持面向连接的通信;而 TCP/IP 模型在网络层仅有一种通信模式——无连接模式,但在传输层支持两种模式——面向连接和面向无连接模式。

7.2 知识储备

7.2.1 C#中的 Dns 类

IP 是一种普遍应用于互联网,允许不同主机能够相互找到对方的寻址协议。IP 地址由 4 个十进制的数字号码组成,每一个号码的值介于 0~255 之间,它虽然解决了网络上计算机的识别问题,但是 IP 地址不容易记,因此域名系统被开发出来,它专门用于将 IP 地址转换成有意义的文字,以方便识别记忆。Dns 类是一个静态类,它从 TCP/IP Internet 域名系统(DNS)中检索关于特定主机的信息。Dns 类的常用方法见表 7-1。

表 7-1 Dns 类的常用方法

方法名称	说明
BeginGetHostAddresses	异步返回指定主机的 IP 地址
BeginGetHostByName	开始异步请求关于指定 DNS 主机名的 IPHostEntry 信息
BeginGetHostEntry	已重载。将主机名或 IP 地址异步解析为 IPHostEntry 实例
BeginResolve	开始异步请求将 DNS 主机名或 IP 地址解析为 IPAddress 实例
EndGetHostAddresses	结束对 DNS 信息的异步请求
EndGetHostByName	结束对 DNS 信息的异步请求
EndGetHostEntry	结束对 DNS 信息的异步请求
EndResolve	结束对 DNS 信息的异步请求
GetHostAddresses	返回指定主机的 IP 地址
GetHostByAddress	已重载。获取 IP 地址的 DNS 主机信息
GetHostByName	获取指定 DNS 主机名的 DNS 信息
GetHostName	获取本地计算机的主机名
GetType	获取当前实例的类型
GetHostEntry	已重载。将主机名或 IP 地址解析为 IPHostEntry 实例
Resolve	将 DNS 主机名或 IP 地址解析为 IPHostEntry 实例

例如：

（1）新建一个项目，命名为 Ex7_01，默认窗体为 Form1。

（2）在 Form1 窗体中添加 2 个 Button 控件、4 个 TextBox 控件等，窗体如图 7-1 所示。

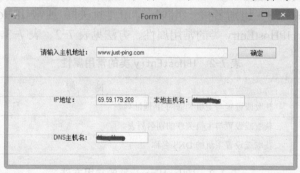

图 7-1 窗体布局界面

（3）主要程序代码如下：

```
using System;
using System.Collections.Generic;
using System.ComponentModel;
using System.Data;
using System.Drawing;
using System.Linq;
using System.Text;
using System.Threading.Tasks;
using System.Windows.Forms;
using System.Net;
namespace WindowsFormsApplication1
{
```

```csharp
public partial class Form1 : Form
{
    public Form1()
    {
        InitializeComponent();
    }
    private void button1_Click(object sender, EventArgs e)
    {
        textBox2.Text = string.Empty;
        IPAddress[] ips = Dns.GetHostAddresses(textBox1.Text);
        foreach (IPAddress ip in ips)
        {
            textBox2.Text = ip.ToString();
        }
        textBox3.Text = Dns.GetHostName();
        textBox4.Text=Dns.GetHostByName(Dns.GetHostName()).HostName;
    }
}
```

7.2.2　C#中的 IPHostEntry 类

IPHostEntry 类的实例对象中包含了互联网上主机的地址相关信息。此类型的所有公共静态成员对多线程操作而言都是安全的，但不保证任何实例成员对线程操作是安全的。IPHostEntry 类将一个域名系统主机名与一组别名和一组匹配的 IP 地址关联。通常，IPHostEntry 类作为 Helper 类和 Dns 类一起使用。IPHostEntry 类的常用属性、方法见表 7-2、表 7-3。

表 7-2　IPHostEntry 类的常用属性

属 性 名 称	说　　明
AddressList	获取或设置与主机关联的 IP 地址列表
Aliases	获取或设置与主机关联的别名列表
HostName	获取或设置主机的 DNS 名称

表 7-3　IPHostEntry 类的常用方法

方 法 名 称	说　　明
Create	从套接字地址创建终节点
Equals	确定指定的 Object 是否等同于当前的 IPEndPoint 实例
Finalize	允许对象在"垃圾回收"回收之前尝试释放资源并执行其他清理操作
GetHashCode	返回 IPEndPoint 实例的哈希值
GetType	获取当前实例的 Type
MemberwiseClone	创建当前 Object 的浅表副本
Serialize	将终节点信息序列化为 SocketAddress 实例
ToString	返回指定终节点的 IP 地址和端口号

例如：

（1）新建一个项目，命名为 Ex7_02，默认窗体为 Form1。

(2）在 Form1 窗体中添加三个 Button 控件分别用于获取不同的返回值，添加一个 TextBox 控件用于显示接收数据。

(3）主要程序代码如下：

1）获得主机名的实现代码如下：

```
private void button1_Click（object sender, EventArgs e）
{
    String hostName = Dns.GetHostName（）;
    IPHostEntry ipH = new IPHostEntry（）;
    ipH = Dns.Resolve（hostName）;
    this.textBox1.Text = hostName;
}
```

2）根据 IP 或计算机名获得计算机名的实现代码如下：

```
private void button2_Click（object sender, EventArgs e）
{
    IPHostEntry hostInfo = Dns.Resolve（this.textBox1.Text.Trim（）.ToString（））;
    string strHost = hostInfo.HostName.ToString（）;
    MessageBox.Show（strHost）;
}
```

3）获得 IP 列表的实现代码如下：

```
private void button4_Click（object sender, EventArgs e）
{
    IPHostEntry IPH = Dns.GetHostByName（this.textBox1.Text）;
    IPAddress[] myIp = IPH.AddressList;
    foreach （IPAddress ips in myIp）
    MessageBox.Show（ips.ToString（））;
}
```

7.2.3 C#中的 IPEndPoint 类

在互联网中，TCP/IP 使用一个网络地址和一个服务端口号来唯一标识设备。网络地址标识网络上的特定设备；端口号标识要连接到的该设备上的特定服务。网络地址和服务端口的组合称为终节点，在.NET 框架中正是由 EndPoint 类表示这个终节点，它提供网络资源或抽象的服务，用以标识网络地址等信息。.Net 同时也为每个受支持的地址族定义了 EndPoint 的子代，对于 IP 地址族，该类为 IPEndPoint。IPEndPoint 类包含应用程序连接到主机上的服务所需的主机 IP 和端口信息，通过组合服务的主机 IP 地址和端口号，IPEndPoint 类形成到服务的连接点。IPEndPoint 类的构造函数、常用属性及常用方法见表 7-4～表 7-6。

表 7-4 IPEndPoint 类的构造函数

构造函数名称	说 明
IPEndPoint（Int64，Int32）	用指定的地址和端口号初始化 IPEndPoint 类的新实例
IPEndPoint（IPAddress，Int32）	用指定的地址和端口号初始化 IPEndPoint 类的新实例

表 7-5 IPEndPoint 类的常用属性

属 性 名 称	说 明
Address	获取或设置终结点的 IP 地址
AddressFamily	获取网际协议（IP）地址族（重写 EndPoint.AddressFamily）
Port	获取或设置终节点的端口号

表 7-6　IPEndPoint 类的常用方法

方 法 名 称	说　　　明
Create	从套接字地址创建终节点
Equals	确定指定的 Object 是否等同于当前的 IPEndPoint 实例
Finalize	允许对象在"垃圾回收"回收之前尝试释放资源并执行其他清理操作
GetHashCode	返回 IPEndPoint 实例的哈希值
GetType	获取当前实例的 Type
MemberwiseClone	创建当前 Object 的浅表副本
Serialize	将终节点信息序列化为 SocketAddress 实例
ToString	返回指定终节点的 IP 地址和端口号

例如：

（1）新建一个项目，命名为 Ex7_03，默认窗体为 Form1。

（2）在 Form1 窗体中添加一个 Button 控件（用于执行发送数据和接收数据）、一个 TextBox 控件（用于显示接收数据）和一个 Label 控件，具体界面如图 7-2 所示。

图 7-2　具体窗体界面

（3）主要程序代码如下：

```
using System;
using System.Collections.Generic;
using System.ComponentModel;
using System.Data;
using System.Drawing;
using System.Linq;
using System.Text;
using System.Windows.Forms;
using System.Net;
namespace UseIPEndPoint
{
    public partial class Form1 : Form
    {
        public Form1（）
        {
            InitializeComponent（）;
        }
        private void button1_Click（object sender, EventArgs e）
        {
            //实例化一个 IPEndPoint 类的实例，有两个参数：一个是 IP 地址，一个是端口号
IPEndPoint ipEndPoint = new IPEndPoint (IPAddress .Parse （textBox1 .Text .ToString （）),80）;
            //获取 IP 地址和端口号
label2.Text = "ip 地址："+ipEndPoint .Address +"\n"+"端口："+ipEndPoint .Port ;
        }
    }
}
```

7.2.4　C#中的 Socket 类

Socket 类是包含在 System.Net.Sockets 命名空间中的一个非常重要的类。一个 Socket 实例包含了一个本地、一个远程的终节点，该终节点包含了该 Socket 实例的一些相关信息。Socket 类支持两种基本模式：同步、异步。其区别在于：在同步模式中，对执行网络操作的函数（如 Send 和 Receive）的调用必须等到操作完成后才将控制指令返回给调用程序。在异步模式中，这些调用立即返回。Socket 类的构造函数、常用属性、常用方法见表 7-7～表 7-9。

表 7-7　Socket 类的构造函数

构造函数名称	说　　明
Socket（SocketInformation）	使用 DuplicateAndClose 返回的指定的值初始化 Socket 类的新实例
Socket（SocketType，ProtocolType）	使用指定的地址族、套接字类型和协议初始化 Socket 类的新实例
Socket（AddressFamily，SocketType，ProtocolType）	使用指定的地址族、套接字类型和协议初始化 Socket 类的新实例

表 7-8　Socket 类的常用属性

属 性 名 称	说　　明
AddressFamily	获取 Socket 的地址族
Available	获取已经从网络接收且可供读取的数据量
Blocking	获取或设置一个值，该值指示 Socket 是否处于阻止模式
Connected	获取一个值，该值指示 Socket 是在上次 Send 还是 Receive 操作时连接到远程主机
DontFragment	获取或设置 Boolean 值，该值指定 Socket 是否允许将 Internet 协议（IP）数据报分段
DualMode	获取或设置指定的 Boolean 值，该值指定 Socket 是否是用于 IPv4 和 IPv6 的一个双重方式的套接字
EnableBroadcast	获取或设置一个 Boolean 值，该值指定 Socket 是否可以发送或接收广播数据包
ExclusiveAddressUse	获取或设置 Boolean 值，该值指定 Socket 是否仅允许一个进程绑定到端口
Handle	获取 Socket 的操作系统句柄
IsBound	获取一个值，该值指示 Socket 是否绑定到特定本地端口
LingerState	获取或设置一个值，该值指定 Socket 在尝试发送所有挂起数据时是否延迟关闭套接字
LocalEndPoint	获取本地终节点
MulticastLoopback	获取或设置一个值，该值指定传出的多路广播数据包是否传递到发送应用程序
NoDelay	获取或设置 Boolean 值，该值指定 Socket 是否正在使用 Nagle 算法
OSSupportsIPv4	指示基础操作系统和网络适配器是否支持 Internet 协议第 4 版（IPv4）
OSSupportsIPv6	指示基础操作系统和网络适配器是否支持 Internet 协议第 6 版（IPv6）
ProtocolType	获取 Socket 的协议类型
ReceiveBufferSize	获取或设置一个值，该值指定 Socket 接收缓冲区的大小
ReceiveTimeout	获取或设置一个值，该值指定之后同步 Receive 调用将超时的时间长度
RemoteEndPoint	获取远程终节点
SendBufferSize	获取或设置一个值，该值指定 Socket 发送缓冲区的大小
SendTimeout	获取或设置一个值，该值指定之后同步 Send 调用将超时的时间长度
SocketType	获取 Socket 的类型
SupportsIPv4	已过时。获取一个值，该值指示在当前主机上 IPv4 支持是否可用并且已启用
SupportsIPv6	已过时。获取一个值，该值指示 Framework 对某些已过时的 Dns 成员是否支持 IPv6
Ttl	获取或设置一个值，指定 Socket 发送的 Internet 协议（IP）数据包的生存时间（TTL）值
UseOnlyOverlappedIO	指定套接字是否应仅使用重叠 I/O 模式

表 7-9 Socket 类的常用方法

方法名称	说明
Accept	为新建连接创建新的 Socket
AcceptAsync	开始一个异步操作来接受一个传入的连接尝试
BeginAccept（AsyncCallback，Object）	开始一个异步操作来接受一个传入的连接尝试
BeginAccept（Int32，AsyncCallback，Object）	开始异步操作以接受传入的连接尝试并接收客户端应用程序发送的第一个数据块
BeginAccept（Socket，Int32，AsyncCallback，Object）	开始异步操作以接受从指定套接字传入的连接尝试并接收客户端应用程序发送的第一个数据块
BeginConnect（EndPoint，AsyncCallback，Object）	开始一个对远程主机连接的异步请求
BeginConnect（IPAddress，Int32，AsyncCallback，Object）	开始一个对远程主机连接的异步请求。主机由 IPAddress 和端口号指定
BeginConnect（IPAddress[]，Int32，AsyncCallback，Object）	开始一个对远程主机连接的异步请求。主机由 IPAddress 数组和端口号指定
BeginConnect（String，Int32，AsyncCallback，Object）	开始一个对远程主机连接的异步请求。主机由主机名和端口号指定
BeginDisconnect	开始异步请求，从远程终结点断开连接
BeginReceive（IList<ArraySegment<Byte>>，SocketFlags，AsyncCallback，Object）	开始从连接的 Socket 中异步接收数据
BeginReceive（IList<ArraySegment<Byte>>，SocketFlags，SocketError，AsyncCallback，Object）	开始从连接的 Socket 中异步接收数据
BeginReceive（Byte[]，Int32，Int32，SocketFlags，AsyncCallback，Object）	开始从连接的 Socket 中异步接收数据
BeginReceive（Byte[]，Int32，Int32，SocketFlags，SocketError，AsyncCallback，Object）	开始从连接的 Socket 中异步接收数据
BeginReceiveFrom	开始从指定网络设备中异步接收数据
BeginReceiveMessageFrom	开始使用指定的 SocketFlags 将指定字节数的数据异步接收到数据缓冲区的指定位置，然后存储终节点和数据包信息
BeginSend（IList<ArraySegment<Byte>>，SocketFlags，AsyncCallback，Object）	将数据异步发送到连接的 Socket
BeginSend（IList<ArraySegment<Byte>>，SocketFlags，SocketError，AsyncCallback，Object）	将数据异步发送到连接的 Socket
BeginSend（Byte[]，Int32，Int32，SocketFlags，AsyncCallback，Object）	将数据异步发送到连接的 Socket
BeginSend（Byte[]，Int32，Int32，SocketFlags，SocketError，AsyncCallback，Object）	将数据异步发送到连接的 Socket
BeginSendFile（String，AsyncCallback，Object）	使用 UseDefaultWorkerThread 标志，将文件 fileName 发送到连接的 Socket 对象
BeginSendFile（String，Byte[]，Byte[]，TransmitFileOptions，AsyncCallback，Object）	将文件和数据缓冲区异步发送到连接的 Socket 对象
BeginSendTo	向特定远程主机异步发送数据
Bind	使 Socket 与一个本地终节点相关联
CancelConnectAsync	取消一个对远程主机连接的异步请求
Close（）	关闭 Socket 连接并释放所有关联的资源
Close（Int32）	关闭 Socket 连接并释放与指定超时关联的所有资源，以允许发送排队数据

（续）

方 法 名 称	说　　明
Connect（EndPoint）	建立与远程主机的连接
Connect（IPAddress，Int32）	建立与远程主机的连接。主机由 IP 地址和端口号指定
Connect（IPAddress[]，Int32）	建立与远程主机的连接。主机由 IP 地址的数组和端口号指定
Connect（String，Int32）	建立与远程主机的连接。主机由主机名和端口号指定
ConnectAsync（SocketAsyncEventArgs）	开始一个对远程主机连接的异步请求
ConnectAsync（SocketType，ProtocolType，SocketAsyncEventArgs）	开始一个对远程主机连接的异步请求
Disconnect	关闭套接字连接并允许重用套接字
DisconnectAsync	开始异步请求，从远程终结点断开连接
Dispose（）	释放由 Socket 类的当前实例占用的所有资源
Dispose（Boolean）	释放由 Socket 使用的非托管资源，并可根据需要释放托管资源
DuplicateAndClose	重复目标进程的套接字引用，并关闭此进程的套接字
EndAccept（IAsyncResult）	异步接受传入的连接尝试，并创建新的 Socket 来处理远程主机通信
EndAccept（Byte[]，IAsyncResult）	异步接受传入的连接尝试，并创建新的 Socket 对象来处理远程主机通信。此方法返回包含所传输的初始数据的缓冲区
EndAccept（Byte[]，Int32，IAsyncResult）	异步接受传入的连接尝试，并创建新的 Socket 对象来处理远程主机通信。此方法返回一个缓冲区，其中包含初始数据和传输的字节数
EndConnect	结束挂起的异步连接请求
EndDisconnect	结束挂起的异步断开连接请求
EndReceive（IAsyncResult）	结束挂起的异步读取
EndReceive（IAsyncResult，SocketError）	结束挂起的异步读取
EndSend（IAsyncResult）	结束挂起的异步发送
EndSend（IAsyncResult，SocketError）	结束挂起的异步发送
EndSendFile	结束文件的挂起异步发送
EndSendTo	结束挂起的、向指定位置进行的异步发送
Equals（Object）	确定指定的对象是否等于当前对象（继承自 Object）
Finalize	释放 Socket 类使用的资源（重写 Object.Finalize（））
GetHashCode	用做特定类型的哈希函数（继承自 Object）
GetSocketOption（SocketOptionLevel，SocketOptionName）	返回指定的 Socket 选项的值，表示为一个对象
GetSocketOption（SocketOptionLevel，SocketOptionName，Byte[]）	返回指定的 Socket 选项设置，表示为字节数组
GetSocketOption（SocketOptionLevel，SocketOptionName，Int32）	返回数组中指定的 Socket 选项的值
GetType	获取当前实例的 Type（继承自 Object）
IOControl（Int32，Byte[]，Byte[]）	使用数字控制代码，为 Socket 设置低级操作模式
IOControl（IOControlCode，Byte[]，Byte[]）	使用 IOControlCode 枚举指定控制代码，为 Socket 设置低级操作模式
Listen	将 Socket 置于侦听状态
MemberwiseClone	创建当前 Object 的浅表副本（继承自 Object）

（续）

方法名称	说明
Poll	确定 Socket 的状态
Receive（IList<ArraySegment<Byte>>）	从绑定的 Socket 接收数据，将数据存入接收缓冲区列表中
Receive（Byte[]）	从绑定的 Socket 套接字接收数据，将数据存入接收缓冲区
Receive（IList<ArraySegment<Byte>>，SocketFlags）	使用指定的 SocketFlags，从绑定的 Socket 接收数据，将数据存入接收缓冲区列表中
Receive（Byte[]，SocketFlags）	使用指定的 SocketFlags，从绑定的 Socket 接收数据，将数据存入接收缓冲区
Receive（IList<ArraySegment<Byte>>，SocketFlags，SocketError）	使用指定的 SocketFlags，从绑定的 Socket 接收数据，将数据存入接收缓冲区列表中
Receive（Byte[]，Int32，SocketFlags）	使用指定的 SocketFlags，从绑定的 Socket 接收指定字节数的数据，并将数据存入接收缓冲区
Receive（Byte[]，Int32，Int32，SocketFlags）	使用指定的 SocketFlags，从绑定的 Socket 接收指定的字节数，存入接收缓冲区的指定偏移量位置
Receive（Byte[]，Int32，SocketFlags，SocketError）	使用指定的 SocketFlags，从绑定的 Socket 接收数据，将数据存入接收缓冲区
ReceiveAsync	开始一个异步请求，以便从连接的 Socket 对象中接收数据
ReceiveFrom（Byte[]，EndPoint）	将数据报接收到数据缓冲区并存储终节点
ReceiveFrom（Byte[]，SocketFlags，EndPoint）	使用指定的 SocketFlags 将数据报接收到数据缓冲区并存储终节点
ReceiveFrom（Byte[]，Int32，SocketFlags，EndPoint）	使用指定的 SocketFlags 将指定的字节数接收到数据缓冲区并存储终节点
ReceiveFrom（Byte[]，Int32，Int32，SocketFlags，EndPoint）	使用指定的 SocketFlags 将指定字节数的数据接收到数据缓冲区的指定位置并存储终节点
ReceiveFromAsync	开始从指定网络设备中异步接收数据
ReceiveMessageFrom	使用指定的 SocketFlags 将指定字节数的数据接收到数据缓冲区的指定位置，然后存储终节点和数据包信息
ReceiveMessageFromAsync	开始使用指定的 SocketAsyncEventArgs.SocketFlags 将指定字节数的数据异步接收到数据缓冲区的指定位置，并存储终节点和数据包信息
Select	确定一个或多个套接字的状态
Send（IList<ArraySegment<Byte>>）	将列表中的一组缓冲区发送到连接的 Socket
Send（Byte[]）	将数据发送到连接的 Socket
Send（IList<ArraySegment<Byte>>，SocketFlags）	使用指定的 SocketFlags，将列表中的一组缓冲区发送到连接的 Socket
Send（Byte[]，SocketFlags）	使用指定的 SocketFlags 将数据发送到连接的 Socket
Send（IList<ArraySegment<Byte>>，SocketFlags，SocketError）	使用指定的 SocketFlags，将列表中的一组缓冲区发送到连接的 Socket
Send（Byte[]，Int32，SocketFlags）	使用指定的 SocketFlags，将指定字节数的数据发送到已连接的 Socket
Send（Byte[]，Int32，Int32，SocketFlags）	使用指定的 SocketFlags，将指定字节数的数据发送到已连接的 Socket（从指定的偏移量开始）
Send（Byte[]，Int32，Int32，SocketFlags，SocketError）	从指定的偏移量开始，使用指定的 SocketFlags 将指定字节数的数据发送到连接的 Socket
SendAsync	将数据异步发送到连接的 Socket 对象
SendFile（String）	使用 UseDefaultWorkerThread 传输标志，将文件 fileName 发送到连接的 Socket 对象

(续)

方法名称	说明
SendFile（String，Byte[]，Byte[]，TransmitFileOptions）	使用指定的 TransmitFileOptions 值，将文件 fileName 和数据缓冲区发送到连接的 Socket 对象
SendPacketsAsync	将文件集合或者内存中的数据缓冲区以异步方法发送给连接的 Socket 对象
SendTo（Byte[]，EndPoint）	将数据发送到指定的终节点
SendTo（Byte[]，SocketFlags，EndPoint）	使用指定的 SocketFlags，将数据发送到特定的终节点
SendTo（Byte[]，Int32，SocketFlags，EndPoint）	使用指定的 SocketFlags，将指定字节数的数据发送到指定的终节点
SendTo（Byte[]，Int32，Int32，SocketFlags，EndPoint）	使用指定的 SocketFlags，将指定字节数的数据发送到指定终节点（从缓冲区中的指定位置开始）
SendToAsync	向特定远程主机异步发送数据
SetIPProtectionLevel	设置套接字的 IP 保护级别
SetSocketOption（SocketOptionLevel，SocketOptionName，Boolean）	将指定的 Socket 选项设置为指定的 Boolean 值
SetSocketOption（SocketOptionLevel，SocketOptionName，Byte[]）	将指定的 Socket 选项设置为指定的值，表示为字节数组
SetSocketOption（SocketOptionLevel，SocketOptionName，Int32）	将指定的 Socket 选项设置为指定的整数值
SetSocketOption（SocketOptionLevel，SocketOptionName，Object）	将指定的 Socket 选项设置为指定值，表示为对象
Shutdown	禁用某 Socket 上的发送和接收
ToString	返回表示当前对象的字符串（继承自 Object）

例如：

```
try
    {
        int port = 6006;
        string ip = "127.0.0.1";
        stSend = new Socket（AddressFamily.InterNetwork,SocketType.Stream, ProtocolType.Tcp）;//初始化一个 Socket 实例
        IPEndPoint tempRemoteIP = new IPEndPoint（IPAddress.Parse（ip）,port）;//根据 IP 地址和端口号创建远程终结点
        EndPoint epTemp = （EndPoint）tempRemoteIP;
        stSend.Connect（epTemp）;//连接远程主机的端口号
        textBox3.Text = "成功连接远程计算机！";
    }
catch （Exception ee）
    {
        textBox3.Text = Convert.ToString（ee）;
    }

    int iLength = textBox2.Text.Length;//获取要发送数据的长度
    Byte[] bySend = new byte[iLength];//根据获取的长度定义一个 Byte 类型数组
    bySend = System.Text.Encoding.Default.GetBytes （textBox2.Text）;//按照指定编码类型把字符串指定到 Byte 数组
    int i = stSend.Send（bySend）;//发送数据
    textBox3.Text = textBox3.Text + textBox2.Text + "'   " + i + "   个字节，";
```

7.3 UDP 通信技术开发

7.3.1 引导任务

通过具体的实例能够通过 UDP 服务端和客户端来接收和发送数据。能够通过收、发数据对 UDP 通信服务有一个直观的了解。实现的主要功能包括：

（1）IP 地址与端口的获取。
（2）通过 UDP 发送数据。
（3）通过 UDP 接收数据。

7.3.2 开发环境

系统要求：Windows 7/XP。
开发工具：Visual Studio 2010。
开发语言：C#。
硬件设备：无。

7.3.3 界面设计

1．客户端

（1）新建窗体 Form。将 Windows Form 命名为："Frm_UDPC"，属性 Text 的值为："客户端"，窗体作为整个程序各个功能控件的载体。

（2）添加两个 GroupBox 控件，分别命名为："Gb_Send"、"Gb_config"，属性 Text 值分别为："发送"、"配置信息"，作为其他控件的容器。

（3）在 Text 值为"发送"的 GroupBox 控件中添加 RichTextBox 控件，命名为 "txtRecMsg"。RichTextBox 用来获取接收的信息。

（4）在 Text 值为"配置信息"的 GroupBox 控件中添加三个 TextBox 控件，并添加相应的 Label 控件作为标识。三个控件分别用来设置服务器的 IP、端口（与服务器匹配）和用户名称（自定义）。

（5）添加一个 Button 控件，命名为："btnSend"，用于定义向服务器发送数据的代码。
客户端程序界面设计示例图如图 7-3 所示。

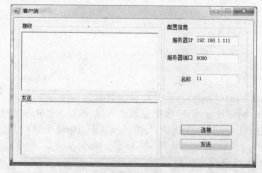

图 7-3 客户端程序界面设计示例图

客户端程序窗体、控件对象的主要属性设置见表 7-10。

表 7-10　客户端程序窗体、控件对象的主要属性设置一

控件属性	主要属性	功　能
Form	（Name）=Frm_Barcode	窗体控件
	Text="客户端"	窗体标题栏显示的程序名称
GroupBox	（Name）=Gb_Send	组容器
	Text="发送"	作为各类控件容器
GroupBox	（Name）=Gb_config	组容器
	Text="配置信息"	作为各类控件容器
TextBox	（Name）=txtIP	文本框控件
	Text="192.168.0.1"	输入服务器的 IP
TextBox	（Name）=txtPort	文本框控件
	Text="200"	输入服务器的端口
Button	（Name）=btnCon	事件执行控件
	单击事件=btnCon_Click	按钮被单击时执行启动服务操作，开始接收客户端数据
	Text="启动"	设置显示名称
RichTextBox	（Name）=txtRecMsg	多行文本框控件

2．服务端

服务器端程序主要是与多个客户端建立连接，并收、发数据。以下是 C#实现服务器端程序的具体步骤：

（1）新建窗体 Form。将 Windows Form 命名为"Frm_UDPS"，属性 Text 的值为"服务器"，窗体作为整个程序各个功能控件的载体。

（2）添加两个 GroupBox 控件，分别命名为"Gb_Receive"、"Gb_config"，属性 Text 值分别为："接收"、"服务器信息"，作为其他控件的容器。

（3）在 Text 值为"发送"的 GroupBox 控件中添加 RichTextBox 控件，命名为"txtRecMsg"。RichTextBox 用来获取发送的信息。

（4）在 Text 值为"服务器信息"的 GroupBox 控件中添加两个 TextBox 控件，并添加相应的 Label 控件作为标识。两个控件分别用来设置服务器的 IP、端口（与本机匹配）。

（5）添加一个 Button 控件，命名为："btnCon"，用于定义启动服务的代码。

服务端程序界面设计示例图，如图 7-4 所示。

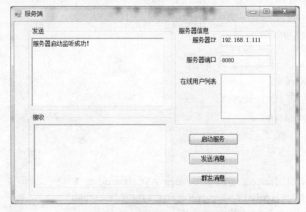

图 7-4　服务端程序界面设计示例图

服务端程序窗体、控件对象的主要属性设置见表7-11。

表7-11 服务端程序窗体、控件对象的主要属性设置一

控件属性	主要属性	功 能
Form	（Name）=Frm_TCPS	窗体控件
	Text="服务端"	窗体标题栏显示的程序名称
GroupBox	（Name）=Gb_Receive	组容器
	Text="接收"	作为各类控件容器
GroupBox	（Name）=Gb_config	组容器
	Text="配置信息"	作为各类控件容器
TextBox	（Name）=txtIP	文本框控件
	Text="192.168.0.1"	输入服务器的IP
TextBox	（Name）=txtPort	文本框控件
	Text="200"	输入服务器的端口
TextBox	（Name）=txtName	文本框控件
	Text=""	输入用户名
Button	（Name）=btnCon	事件执行控件
	单击事件=btnCon_Click	按钮被单击时执行启动服务操作
	Text="启动"	设置显示名称
richTextBox	（Name）=txtRecMsg	多行文本框控件

7.3.4 程序代码设计

1. C#实现UDP服务端程序的实例

服务器端程序主要就是接收客户端发送的数据。以下是C#实现服务器端程序的具体实现步骤：

（1）引用命名空间。在Form1.cs文件的开头引用下列命名空间。
using System.Net；
using System.Net.Sockets；
using System.Threading；//程序中使用到线程

（2）在Form1.cs中定义程序使用的全局变量。
private UdpClient server；
private IPEndPoint receivePoint；
private int port = 8080；//定义端口号
private int ip = 127001；//设定本地IP地址
private Thread startServer；

（3）接收数据函数 start_server。
```
public void start_server（）
    {
        while （true）
        {
            ASCIIEncoding encode = new ASCIIEncoding（）；
            byte[] recData = server.Receive（ref receivePoint）；
            string Read_str = encode.GetString（recData）；
```

```
                listBox1.Items.Add（Read_str）;
                byte[] sendData = encode.GetBytes（"OK"）;
                server.Send（sendData, sendData.Length, receivePoint）;
            }
        }
```
（4）创建一个线程。
```
public void run（）
{
//利用本地端口号来初始化一个UDP网络服务
server = new UdpClient（port）;
receivePoint = new IPEndPoint（new IPAddress（ip），port）;
startServer = new Thread（new ThreadStart（start_server））;
//启动线程
startServer.Start（）;
}
```
（5）在Form1_Load事件中调用run。
```
private void Form1_Load（object sender , System.EventArgs e）
{
    run（）;
}
```

2．C#实现UDP客户端程序的实例

客户端程序主要就是向服务器端发送数据。以下是C#实现客户端程序的具体实现步骤：
（1）引用命名空间。在Form1.cs文件的开头引用下列命名空间。
```
    using System.Net ;
    using System.Net.Sockets ;
```
（2）在Form1.cs中定义程序使用的全局变量。
```
    private UdpClient client ;           //创建UDP网络服务
    private int port = 8080 ;            //端口号
    private IPEndPoint receivePoint ;
```
（3）发送数据函数。
```
public void start_client（）
    {
        client = new UdpClient（port）;
        receivePoint = new IPEndPoint（new IPAddress（127001），port）;
        IPAddress HostIP;
        bool continueLoop = true;
        while（continueLoop）
            {
    System.Text.ASCIIEncoding encode = new System.Text.ASCIIEncoding（）;
            string sendString = this.textBox2.Text;
            byte[] sendData = encode.GetBytes（sendString）;
            try
                {
                HostIP = IPAddress.Parse（textBox1.Text）;
                IPEndPoint host = new IPEndPoint（HostIP, 10002）;
                client.Send（sendData, sendData.Length, host）;
                byte[] recData = client.Receive（ref receivePoint）;
```

```
                this.textBox3.Text = encode.GetString（recData）;
                client.Close（）;
                continueLoop = false;
            }
            catch
            {
                client.Close（）;
                return;
            }
        }
    }
```

（4）Form1.cs 中 button1 的 Click 事件的处理代码。
```
private void button1_Click （ object sender , System.EventArgs e ）
{
    start_client（）;
}
```

7.4 TCP/IP 通信技术开发

7.4.1 引导任务

通过具体的实例能够通过 TCP/IP 服务端和客户端来接收和发送数据。能够通过收、发数据对 TCP/IP 通信服务有一个直观的了解。实现的主要功能包括：

（1）客户端与服务端建立连接。
（2）服务器与客户端接收与发送数据。
（3）多个客户端同时连接服务端。
（4）服务端向客户端群发数据。

7.4.2 开发环境

系统要求：Windows 7/XP。
开发工具：Visual Studio 2010。
开发语言：C#。
硬件设备：无。

7.4.3 界面设计

1. 客户端

（1）新建窗体 Form。将 Windows Form 命名为"Frm_TCPC"，属性 Text 的值为"客户端"，窗体作为整个程序各个功能控件的载体。
（2）添加三个 GroupBox 控件，分别命名为"GroupBox1"、"GroupBox2"、"GroupBox3"（即属性 name 的值），属性 Text 值分别为"发送"、"接收"、"配置信

息",作为其他控件的容器。

(3) 在 Text 值为"接收"的 GroupBox 控件中添加 RichTextBox 控件,命名为"txtMsg";在 Text 值为"发送"的 GroupBox 控件中添加 RichTextBox 控件,命名为"txtSendMsg"。RichTextBox 分别用来获取和显示发送、接收的信息。

(4) 在 Text 值为"配置信息"的 GroupBox 控件中添加 3 个 TextBox 控件,并添加相应的 Label 控件作为标识。3 个控件分别用来设置服务器的 IP、端口(与服务器匹配)和用户名称(自定义)。

(5) 添加两个 Button 控件,分别命名为:"btnSend"、"btnCon",用于定义发送和连接的代码。

客户端程序界面设计如图 7-3 所示。

客户端程序窗体、控件对象的主要属性设置见表 7-12。

表 7-12 客户端程序窗体、控件对象的主要属性设置二

控件属性	主要属性	功能
Form	(Name)=Frm_Barcode	窗体控件
	Text="客户端"	窗体标题栏显示的程序名称
GroupBox	(Name)=GroupBox1	组容器
	Text="发送"	作为各类控件容器
GroupBox	(Name)=GroupBox2	组容器
	Text="接收"	作为各类控件容器
GroupBox	(Name)=GroupBox3	组容器
	Text="配置信息"	作为各类控件容器
TextBox	(Name)=txtIP	文本框控件
	Text="192.168.0.1"	输入服务器的 IP
TextBox	(Name)=txtPort	文本框控件
	Text="200"	输入服务器的端口
TextBox	(Name)=txtName	文本框控件
	Text=""	输入用户名
Button	(Name)=btnCon	事件执行控件
	单击事件=btnCon_Click	按钮被单击时执行操作
	Text="连接"	按钮被单击时执行操作
Button	(Name)=btnSend	事件执行控件
	单击事件=btnSend_Click	按钮被单击时执行操作
	Text="发送"	设置显示名称
Button	(Name)=btnSendgroup	事件执行控件
	Text="群送"	设置显示名称
	单击事件=btnSendgroup_Click	按钮被单击时执行操作
RichTextBox	(Name)=txtMsg	多行文本框控件
RichTextBox	(Name)=txtSendMsg	多行文本框控件

2. 服务端

服务器端程序主要就是与多个客户端建立连接,并收、发数据。以下是 C#实现服务器端程序的具体实现步骤:

（1）新建窗体Form。将Windows Form命名为"Frm_TCPS"，属性Text的值为"服务器"，窗体作为整个程序各个功能控件的载体。

（2）添加3个GroupBox控件，分别命名为"GroupBox1"、"GroupBox2"、"GroupBox3"（即属性name的值），属性Text值分别为"发送"、"接收"、"服务器信息"，作为其他控件的容器。

（3）在Text值为"接收"的GroupBox控件中添加RichTextBox控件，命名为"txtMsg"；在Text值为"发送"的GroupBox控件中添加RichTextBox控件，命名为"txtSendMsg"。RichTextBox分别用来获取和显示发送、接收的信息。

（4）在Text值为"服务器信息"的GroupBox控件中添加3个TextBox控件，并添加相应的Label控件作为标识。3个控件分别用来设置服务器的IP、端口（与服务器匹配）和用户名称（自定义）。

（5）添加3个Button控件，分别命名为"btnSend"、"btnCon"、"btnSendgroup"，用于定义发送、群发和连接的代码。

服务端程序界面设计如图7-4所示。

服务端程序窗体、控件对象的主要属性设置见表7-13。

表7-13 服务端程序窗体、控件对象的主要属性设置二

控件属性	主要属性	功能
Form	（Name）=Frm_TCPS	窗体控件
	Text="服务端"	窗体标题栏显示的程序名称
GroupBox	（Name）=GroupBox1	组容器
	Text="发送"	作为各类控件容器
GroupBox	（Name）=GroupBox2	组容器
	Text="接收"	作为各类控件容器
GroupBox	（Name）=GroupBox3	组容器
	Text="配置信息"	作为各类控件容器
TextBox	（Name）=txtIP	文本框控件
	Text="192.168.0.1"	输入服务器的IP
TextBox	（Name）=txtPort	文本框控件
	Text="200"	输入服务器的端口
TextBox	（Name）=txtName	文本框控件
	Text=""	输入用户名
Button	（Name）=btnCon	事件执行控件
	单击事件=btnCon_Click	按钮被单击时执行操作
	Text="连接"	按钮被单击时执行操作
Button	（Name）=btnSend	事件执行控件
	单击事件=btnSend_Click	按钮被单击时执行操作
	Text="发送"	设置显示名称
Button	（Name）=btnSendgroup	事件执行控件
	Text="群送"	设置显示名称
	单击事件=btnSendgroup_Click	按钮被单击时执行操作
RichTextBox	（Name）=txtMsg	多行文本框控件
RichTextBox	（Name）=txtSendMsg	多行文本框控件

7.4.4 程序代码设计

1. 客户端

客户器端程序主要就是主动与服务端建立连接并收、发数据；以下是 C#实现服务器端程序的具体实现步骤：

（1）在 Form1.cs 文件的开头引用下列命名空间。

```
using System.Net ;
using System.Net.Sockets ;
using System.Threading ; //程序中使用到线程
```

（2）在 Form1.cs 中定义程序使用的全局变量。

```
public delegate void MyInvoke（string strRecv）;//创建接收线程与窗体之间同步的代理
Thread threadClient = null; // 创建用于接收服务端消息的线程
Socket sockClient = null;//创建接收端的 sockClient
```

（3）接收数据函数 RecMsg。

```
void RecMsg（）//接收数据方法
{
    while （true）
    {
        MyInvoke myI = new MyInvoke（ShowMsgAr）;// 定义一个 2MB 的缓存区
        byte[] arrMsgRec = new byte[1024 * 1024 * 2]; // 将接收到的数据存入到输入 arrMsgRec 中
        int length = -1;
        try
        {
            length = sockClient.Receive（arrMsgRec）;// 接收数据，并返回数据的长度
        }
        catch （SocketException se）
        {
            ShowMsg（"异常：" + se.Message）;
            return;
        }
        catch （Exception e）
        {
            ShowMsg（"异常：" + e.Message）;
            return;
        }
        string strMsg = System.Text.Encoding.UTF8.GetString（arrMsgRec）;// 将接收到的字节数据转化成字符串
        txtMsg.BeginInvoke（myI, new object[] { strMsg }）;
    }
}
```

（4）数据显示到控件函数 ShowMsg 中。

```
void ShowMsg（string str）
{
    txtMsg.AppendText（str + "\r\n"）;
}
```

(5) 连接按钮事件。
```csharp
private void button1_Click (object sender, EventArgs e)//连接服务器
{
    IPAddress ip = IPAddress.Parse (txtIp.Text.Trim ());
    IPEndPoint endPoint = new IPEndPoint (ip, int.Parse (txtPort.Text.Trim ()));
    sockClient =new Socket (AddressFamily.InterNetwork, SocketType.Stream, ProtocolType.Tcp);
    try
    {
        ShowMsg ("与服务器连接中……");
        sockClient.Connect (endPoint);
    }
    catch (SocketException se)
    {
        MessageBox.Show (se.Message);
        return;
        //this.Close ();
    }
    ShowMsg ("与服务器连接成功!!! ");
    threadClient = new Thread (RecMsg);
    threadClient.IsBackground = true;
    threadClient.Start ();
}
```
(6) 发送按钮事件。
```csharp
private void button2_Click (object sender, EventArgs e)//发送消息
{
    sockClient.Send (strToToHexByte (txtSendMsg.Text.Trim ()); // 发送十六进制消息
    ShowMsg (txtSendMsg.Text.Trim ());//将发送的消息显示到 txtSendMsg 控件上
    txtSendMsg.Clear ();//清空 txtSendMsg 控件
}
```

2．服务端

服务器端程序主要就是与多个客户端建立连接，并收、发数据。以下是 C#实现服务器端程序的具体实现步骤：

(1) 在 Form1.cs 文件的开头引用下列命名空间。
```csharp
using System.Net ;
using System.Net.Sockets ;
using System.Threading ; //程序中使用到线程
```
(2) 在 Form1.cs 中定义程序使用的全局变量。
```csharp
Thread threadWatch = null; // 负责监听客户端连接请求的线程
Socket socketWatch = null;//服务端的嵌套字
Dictionary<string, Socket> dict = new Dictionary<string, Socket> ();//存放客户端连接嵌套字
Dictionary<string, Thread> dictThread = new Dictionary<string, Thread> ();//存放客户端连接的进程
```
(3) 连接按钮事件。
```csharp
private void button1_Click (object sender, EventArgs e)
{
```

```
            socketWatch = new Socket（AddressFamily.InterNetwork, SocketType.Stream,
ProtocolType.Tcp）;// 获得文本框中的 IP 对象
            IPAddress address = IPAddress.Parse（txtIp.Text.Trim（））;// 创建包含 IP 和端口号的网
络节点对象
            IPEndPoint endPoint = new IPEndPoint（address, int.Parse（txtPort.Text.Trim（）））;
            try
            {
                // 将负责监听的套接字绑定到唯一的 IP 和端口上
                socketWatch.Bind（endPoint）;
            }
            catch （SocketException se）
            {
                MessageBox.Show（"异常："+ se.Message）;
                return;
            }
            // 设置监听队列的长度
            socketWatch.Listen（10）;
            // 创建负责监听的线程
            threadWatch = new Thread（WatchConnecting）;
            threadWatch.IsBackground = true;
            threadWatch.Start（）;
            ShowMsg（"服务器启动监听成功！"）;
            //}
        }
```

（4）监听客户端请求的方法。

```
        void WatchConnecting（）
        {
            while （true）  // 持续不断地监听客户端的连接请求
            {
                // 开始监听客户端连接请求，Accept 方法会阻断当前的线程
                Socket sokConnection = socketWatch.Accept（）;// 一旦监听到客户端的请求，就
返回一个与该客户端通信的套接字
                // 向列表控件中添加客户端的 IP 信息
                lbOnline.Items.Add（sokConnection.RemoteEndPoint.ToString（））;
                // 将与客户端连接的套接字对象添加到集合中
                dict.Add（sokConnection.RemoteEndPoint.ToString（）, sokConnection）;
                ShowMsg（"客户端连接成功！"）;
                Thread thr = new Thread（RecMsg）;
                thr.IsBackground = true;
                thr.Start（sokConnection）;
                dictThread.Add（sokConnection.RemoteEndPoint.ToString（）, thr）;// 将新建的线
程添加到线程的集合中去
            }
        }
```

（5）接收数据函数 RecMsg。

```
    void RecMsg（object sokConnectionparn）
    {
        Socket sokClient = sokConnectionparn as Socket;
        while （true）
        {
```

```csharp
                    // 定义一个 2MB 的缓存区
                    byte[] arrMsgRec = new byte[1024]; // 将接收到的数据存入 arrMsgRec 中
                    int length = -1;
                    string ip = "";
                    try
                    {
                        length = sokClient.Receive（arrMsgRec）; // 接收数据，并返回数据的长度
                        ip = sokClient.RemoteEndPoint.ToString（）;
                    }
                    catch （SocketException se）
                    {
                        ShowMsg（"异常："+ se.Message）; // 从通信套接字集合中删除被中断连接的通信套接字
                        dict.Remove（sokClient.RemoteEndPoint.ToString（））; // 从通信线程集合中删除被中断连接的通信线程对象
                        dictThread.Remove（sokClient.RemoteEndPoint.ToString（））; // 从列表中移除被中断的连接 IP
                        lbOnline.Items.Remove（sokClient.RemoteEndPoint.ToString（））;
                        break;
                    }
                    catch （Exception e）
                    {
                        ShowMsg（"异常："+ e.Message）; // 从通信套接字集合中删除被中断连接的通信套接字
                        dict.Remove（sokClient.RemoteEndPoint.ToString（））; // 从通信线程集合中删除被中断连接的通信线程对象
                        dictThread.Remove（sokClient.RemoteEndPoint.ToString（））; // 从列表中移除被中断的连接 IP
                        lbOnline.Items.Remove（sokClient.RemoteEndPoint.ToString（））;
                        break;
                    }
                    byte[] arrSendMsg = new byte[length]; // 表示发送的是消息数据
                    Buffer.BlockCopy（arrMsgRec, 0, arrSendMsg, 0, arrSendMsg.Length）;

                    // string strMsg = System.Text.Encoding.UTF8.GetString（arrMsgRec, 0, length）;// 将接收到的字节数据转化成字符串
                    // byte[] arrMsg = System.Text.Encoding.UTF8.GetBytes（strMsg）; // 将要发送的字符串转换成 Utf-8 字节数组
                    string s = byteToHexStr（arrSendMsg）;
                    ShowMsg（ip+s）;


                }
            }
（6）数据显示到控件函数 ShowMsg 中。
        void ShowMsg（string str）
        {
            txtMsg.AppendText（str + "\r\n"）;
        }
```

（7）启动服务事件。

```csharp
private void button1_Click（object sender, EventArgs e）//连接服务器
        {
                IPAddress ip = IPAddress.Parse（txtIp.Text.Trim（））;
                IPEndPoint endPoint = new IPEndPoint（ip,int.Parse（txtPort.Text.Trim（）））;
                sockClient =new Socket（AddressFamily.InterNetwork, SocketType.Stream, ProtocolType.Tcp）;
                try
                {
                        ShowMsg（"与服务器连接中……"）;
                        sockClient.Connect（endPoint）;
                }
                catch （SocketException se）
                {
                        MessageBox.Show（se.Message）;
                        return;
                        //this.Close（）;
                }
                ShowMsg（"与服务器连接成功！！！ "）;
                threadClient = new Thread（RecMsg）;
                threadClient.IsBackground = true;
                threadClient.Start（）;
        }
```

（8）发送按钮事件，在连接列表中选择指定的地址。

```csharp
private void button2_Click（object sender, EventArgs e）
        {
                string strKey = "";
                strKey = lbOnline.Text.Trim（）;
                if （string.IsNullOrEmpty（strKey）） // 判断是不是选择了发送的对象
                {
                        MessageBox.Show（"请选择你要发送的好友！！！ "）;
                }
                else
                {
                        dict[strKey].Send（strToToHexByte（txtMsgSend.Text.Trim（）））;// 解决了sokConnection 局部变量不能在本函数中引用的问题
                        ShowMsg（"服务器" + "\r\n" + " -->" +txtMsgSend.Text.Trim（） + "\r\n"）;
                        txtMsgSend.Clear（）;
                }
        }
```

第 8 章
条码技术

8.1 条码技术概述

条码技术是在计算机应用和实践中产生并发展起来的一种广泛应用于商业、邮政、图书管理、仓储、工业生产、交通等领域的自动识别技术，具有输入速度快、准确度高、成本低、可靠性强等优点，在当今的自动识别技术中占有重要的地位。如今条码技术已相当成熟，其读取的错误率约为百万分之一，首读率大于 98%，是一种可靠性高、输入快速、准确性高、成本低、应用面广的资料自动收集技术。世界上约有 225 种以上的一维条码，每种一维条码都有自己的一套编码规则，规定每个字母（可能是文字、数字或文数字）是由几个线条及几个空白组成，以及字母的排列。一般较流行的一维条码有 39 码、EAN 码、UPC 码、128 码，以及专门用于书刊管理的 ISBN、ISSN 等。

一维条码发明年代见表 8-1，一维条码标准制定年代见表 8-2。

表 8-1 一维条码发明年代

时 间	条码名称	发明人或公司	特殊意义
1949 年	Bull's Eye Code	N. Joe Woodland, Bernard silver	第一个条码
1972 年	库德巴码	Monarch Marking System	—
1973 年	UPC 码	IBM	首次大规模应用的条码
1974 年	39 码（Code 39）	David C. Allias（Intermec）	第一个商业性文、数字条码
1976 年	EAN 码	EAN 协会	
1981 年	128 码(Code 128)	—	—
1983 年	93 码（Code 93）	—	—

从 1973 年以后，为满足不同的应用需求，陆续发展出各种不同的条码标准和规则。时至今日，条码已成为商业自动化不可缺少的基本条件。条码可分为一维条码（One Dimensional Barcode，1D）和二维条码（Two Dimensional Code，2D）两大类，目前在商品上的应用仍以一维条码为主，故一维条码又被称为商品条码，二维条码是一种渐受重视的条码，其功能较一维条码强，应用范围更加广泛。

表 8-2 一维条码标准制定年代

时 间	条 码	纳入标准
1982 年	Code 39	Military Standard 1189
1983 年	Code 39, Interleaved 2 of 5, Codabar	ANSI MH10.8M
1984 年	UPC	ANSI MH10.8M
1984 年	Code 39	AIAG 标准
1984 年	Code 39	HIBC 标准

8.1.1 条码的基本概念

1．条码

条码是由一组规则排列的条、空及其对应字符组成的标记,用以表示一定的信息。

条码通常用来对物品进行标识,这个物品可以是用来进行交易的一个贸易项目,如一瓶啤酒或一箱可乐,也可以是一个物流单元,如一个托盘。所谓对物品的标识,就是首先给某一物品分配一个代码,然后以条码的形式将这个代码表示出来,并且标识在物品上,以便识读设备通过扫描识读条码符号而对该物品进行识别。图 8-1 是标识在一瓶古井贡酒上的条码符号。条码不仅可以用来标识物品,还可以用来标识资产、位置和服务关系等。

图 8-1　标识在一瓶古井贡酒上的条码符号

2．代码

代码即用来表征客观事物的一个或一组有序的符号。代码必须具备鉴别功能,即在一个信息分类编码标准中,一个代码只能唯一地标识一个分类对象,而一个分类对象只能有一个唯一的代码。图 8-1 中的阿拉伯数字 6902018994262 即该瓶古井贡酒的商品标识代码,而在其上方由条和空组成的条码符号则是该代码的符号表示。

3．码制

条码的码制是指条码符号的类型,每种类型的条码符号都由符合特定编码规则的条和空组合而成。每种码制都具有固定的编码容量和所规定的条码字符集。条码字符中字符总数不能大于该种码制的编码容量。

4．字符集

字符集是指某种码制的条码符号可以表示的字母、数字和符号的集合。有些码制仅能表示 10 个数字字符:0~9,如 EAN、UPC 条码;有些码制除了能表示 10 个数字字符外,还可以表示几个特殊字符,如库德巴码。39 码可表示数字字符 0~9、26 个英文字母 A~Z 以及一些特殊符号。

5．连续性与非连续性

条码符号的连续性是指每个条码字符之间不存在间隔;相反,非连续性是指每个条码字符之间存在间隔。从某种意义上讲,由于连续性条码不存在条码字符间隔,所以密度相对较高,而非连续性条码的密度相对较低。

6．定长条码与非定长条码

定长条码是条码字符个数固定的条码,仅能表示固定字符个数的代码。非定长条码是指条码字符个数不固定的条码,能表示可变字符个数的代码。例如:EAN、UPC 条码是定长条码,它的标准版仅能表示 12 个字符;39 码则为非定长条码。

7. 双向可读性

条码符号的双向可读性，是指从左、右两侧开始扫描都可被识别的特性。绝大多数码制都具有双向可读性。

8. 自校验特性

条码符号的自校验特性是指条码字符本身具有校验特性。若在一条码符号中，一个印刷缺陷（例如，因出现污点把一个窄条错认为宽条，而相邻宽空错认为窄空）不会导致替代错误，那么这种条码就具有自校验功能。例如 39 码、库德巴码、交叉 25 码都具有自校验功能；EAN 码和 UPC 码、93 码等都没有自校验功能。

9. 条码密度

条码密度是指单位长度条码所表示条码字符的个数。条码密度越高，所需扫描设备的分辨率也就越高，这将增加扫描设备对印刷缺陷的敏感性。

10. 条码质量

条码质量指的是条码的印制质量，其判定主要从外观、条（空）反射率、条（空）尺寸误差、空白区尺寸、条高、数字和字母的尺寸、校验码、译码正确性、放大系数、印刷厚度、印刷位置等方面进行。

条码的质量是确保条码正确识读的关键。不符合条码国家标准技术要求的条码，不仅会影响扫描速度，降低工作效率，而且可能造成误读，进而影响信息采集系统的正常运行。

8.1.2 条码技术的特点

条码技术是电子与信息科学领域的高新技术，所涉及的技术领域较广，是多项技术相结合的产物，经过多年的研究和应用实践，现已发展成为较成熟的实用技术。

条码作为一种图形识别技术与其他识别技术相比是有如下特点：

（1）简单。条码符号制作容易，扫描操作简单易行。

（2）信息采集速度快。普通计算机的键盘录入速度是 200 字符/分钟，而利用条码扫描录入信息的速度是键盘录入的 20 倍。

（3）采集信息量大。利用条码扫描，一次可以采集几十位字符的信息，而且可以通过选择不同码制的条码增加字符密度，使录入的信息量成倍增加。

（4）可靠性高。键盘录入数据误码率为 1/300；利用光学字符识别技术，误码率约为 1/10000；采用条码扫描录入方式，误码率仅有 1/1000000，首读率可达 98%以上。

（5）灵活、实用。条码符号作为一种识别手段可以单独使用，也可以和有关设备组成识别系统实现自动化识别，还可和其他控制设备联系起来实现整个系统的自动化管理。同时，在没有自动识别设备时，也可实现手工键盘输入。

（6）自由度大。识别装置与条码标签相对位置的自由度要比 OCR（Optical Character Recognition，光学字符识别）大得多。条码通常只在一维方向上表示信息，而同一条码符号上所表示的信息是连续的，这样即使是标签上的条码符号在条的方向上有部分残缺，仍可以从正常部分识读正确的信息。

（7）设备结构简单、成本低。条码符号识别设备的结构简单，操作容易，无需专门训练，推广应用条码技术所需费用较低。

8.1.3 条码的分类

1. 普通的一维条码

一维条码只在一个方向（一般是水平方向）表达信息，在垂直方向不表达任何信息，其一定的高度通常是为了便于阅读器的对准。一维条码的应用可以提高信息录入的速度，减少差错率，可直接显示内容为英文、数字、简单符号；储存数据不多，主要依靠计算机中的关联数据库；保密性能不高；损污后可读性差。

普通的一维条码自问世以来，很快得到了普及和广泛应用。但是由于一维条码所携带的信息量有限，如商品上的条码仅能容纳 13 位阿拉伯数字，更多的信息只能依赖商品数据库的支持，离开了预先建立的数据库，这种条码就没有意义了，因此在一定程度上限制了条码的应用范围。基于这个原因，在 20 世纪 90 年代发明了二维条码。

2. 二维条码

在水平和垂直方向的二维空间存储信息的条码，称为二维条码。二维条码可直接显示英文、中文、数字、符号、图形；储存数据量大，可存放 1KB 字符，可用扫描仪直接读取内容，无需另接数据库；保密性高（可加密）；安全级别最高时，污损 50%仍可读取完整信息。使用二维条码可以解决如下问题：①表示包括汉字、照片、指纹、签字在内的小型数据文件；②在有限的面积上表示大量信息；③对"物品"进行精确描述；④防止各种证件、卡片及单证的仿造；⑤在远离数据库和不便联网的地方实现数据采集。图 8-2 为二维条码实例。

图 8-2　二维条码实例

目前，二维条码主要有 PDF417 码、49 码、Code 16K 码、Data Matrix 码、MaxiCode 码等，可分为堆积式或层排式二维条码和棋盘式或矩阵式二维条码两大类型。

8.2 知识储备

8.2.1 C#中的 SaveFileDialog 控件

SaveFileDialog 是用来保存文件的控件，表示一个通用对话框，它允许用户指定用于保存文件的选项。使用 SaveFileDialog 控件保存文件，显示"保存文件"对话框并调用方法以保存用户选定的文件。SaveFileDialog 控件的常用属性、方法和事件见表 8-3～表 8-5。

表 8-3 SaveFileDialog 控件的常用属性

属性名称	说明
AddExtension	获取或设置一个值，该值指示如果用户省略扩展名，对话框是否自动在文件名中添加扩展名
AutoUpgradeEnabled	获取或设置一个值，该值指示此 FileDialog 实例在 Windows Vista 上运行时是否应自动升级外观和行为
CheckFileExists	获取或设置一个值，该值指示如果用户指定不存在的文件名，对话框是否显示警告
CheckPathExists	获取或设置一个值，该值指示如果用户指定不存在的路径，对话框是否显示警告
Container	获取 IContainer，它包含 Component
CreatePrompt	获取或设置一个值，该值指示如果用户指定不存在的文件，对话框是否提示用户允许创建该文件
CustomPlaces	获取此 FileDialog 实例的自定义空间的集合
DefaultExt	获取或设置默认文件扩展名
DereferenceLinks	获取或设置一个值，该值指示对话框是否返回快捷方式引用的文件的位置，或者是否返回快捷方式（.lnk）的位置
FileName	获取或设置一个包含在文件对话框中选定的文件名的字符串
FileNames	获取对话框中所有选定文件的文件名
Filter	获取或设置当前文件名筛选器字符串，该字符串决定对话框的"另存为文件类型"或"文件类型"框中出现的选择内容
FilterIndex	获取或设置文件对话框中当前选定筛选器的索引
InitialDirectory	获取或设置文件对话框显示的初始目录
OverwritePrompt	获取或设置一个值，该值指示如果用户指定的文件名已存在，Save As 对话框是否显示警告
RestoreDirectory	获取或设置一个值，该值指示对话框在关闭前是否还原当前目录
ShowHelp	获取或设置一个值，该值指示文件对话框中是否显示"帮助"按钮
Site	获取或设置 Component 的 ISite
SupportMultiDottedExtensions	获取或设置对话框是否支持显示和保存具有多个文件扩展名的文件
Tag	获取或设置一个对象，该对象包含控件的数据
Title	获取或设置文件对话框标题
ValidateNames	获取或设置一个值，该值指示对话框是否只接受有效的 Win32 文件名

表 8-4 SaveFileDialog 控件的常用方法

方法名称	说明
Equals（Object）	确定指定的对象是否等于当前对象
GetHashCode	用做特定类型的哈希函数
GetType	获取当前实例的 Type
OpenFile	为用户使用 SaveFileDialog 选定的文件名创建读/写文件流
Reset	将所有 SaveFileDialog 属性重置为其默认值
ShowDialog（）	显示通用对话框
ShowDialog（Window）	显示通用对话框
ToString	返回表示文件对话框的字符串（继承自 FileDialog）

表 8-5 SaveFileDialog 的常用事件

事件名称	说明
Disposed	当通过调用 Dispose 方法释放组件时发生
FileOk	当用户单击文件对话框中的"打开"或"保存"按钮时发生
HelpRequest	当用户单击通用对话框中的"帮助"按钮时发生

下面的代码演示了如何创建 SaveFileDialog、设置成员、使用 ShowDialog 方法调用对话框以及保存当前文件。该示例要求有一个放置了一个按钮的窗体。

```
private void button1_Click（object sender, System.EventArgs e）
{
    Stream myStream ;
    SaveFileDialog saveFileDialog1 = new SaveFileDialog（）;
    saveFileDialog1.Filter = "txt files （*.txt)|*.txt|All files （*.*）|*.*";
    saveFileDialog1.FilterIndex = 2 ;
    saveFileDialog1.RestoreDirectory = true ;
    if（saveFileDialog1.ShowDialog（） == DialogResult.OK)
    {
        if（(myStream = saveFileDialog1.OpenFile（）) != null）
        {
            // Code to write the stream goes here.
            myStream.Close（）;
        }
    }
}
```

8.2.2 C#中的 PictureBox 控件

PictureBox 表示用于显示图像的 Windows 图片框控件。可以利用 PictureBox 控件提供的方法在其上面绘制图形，还可以把 PictureBox 控件作为容器，将其他控件放在其中，从而实现分组的效果。

通常，使用 PictureBox 来显示位图、元文件、图标、JPEG、GIF 或 PNG 文件中的图形。在设计时或运行时将 Image 属性设置为要显示的图片；也可以通过设置 ImageLocation 属性指定图像，然后使用 Load 方法同步加载图像或使用 LoadAsync 方法异步加载图像。SizeMode 属性（设置为 PictureBoxSizeMode 枚举中的值）控制图像在显示区域中的剪裁和定位，可以在运行时使用 ClientSize 属性来更改显示区域的大小。PictureBox 控件的常用属性、方法和事件见表 8-6～表 8-8。

表 8-6 PictureBox 控件的常用属性

属 性 名 称	说　　明
AccessibilityObject	获取分配给该控件的 AccessibleObject
AccessibleDefaultActionDescription	获取或设置控件的默认操作说明，供辅助功能客户端应用程序使用
AccessibleDescription	获取或设置辅助功能客户端应用程序使用的控件说明
AccessibleName	获取或设置辅助功能客户端应用程序所使用的控件名称
AccessibleRole	获取或设置控件的辅助性角色
AllowDrop	重写 Control.AllowDrop 属性
Anchor	获取或设置控件绑定到的容器的边缘并确定控件如何随其父级一起调整大小
AutoScrollOffset	获取或设置一个值，该值指示在 ScrollControlIntoView 中将控件滚动到何处
AutoSize	此属性与此类无关
BackColor	获取或设置控件的背景色
BackgroundImage	获取或设置在控件中显示的背景图像

表 8-7　PictureBox 控件的常用方法

方法名称	说明
BringToFront	将控件带到 Z 顺序的前面
CancelAsync	取消异步图像加载
Contains	检索一个值，该值指示指定控件是否为一个控件的子控件
CreateControl	强制创建控件，包括创建句柄和任何子控件
CreateGraphics	为控件创建 Graphics
CreateObjRef	创建一个对象，该对象包含生成用于与远程对象进行通信的代理所需的全部相关信息
Dispose	释放由 PictureBox 使用的所有资源
DoDragDrop	开始拖放操作
DrawToBitmap	支持呈现到指定的位图
EndInvoke	检索由传递的 IAsyncResult 表示的异步操作的返回值
Equals	已重载。确定两个 Object 实例是否相等
FindForm	检索控件所在的窗体
Focus	为控件设置输入焦点
FromChildHandle	检索包含指定句柄的控件
FromHandle	返回当前与指定句柄关联的控件
GetChildAtPoint	已重载。检索指定位置的子控件
GetContainerControl	沿着控件的父控件链向上，返回下一个 ContainerControl
GetHashCode	用做特定类型的哈希函数。GetHashCode 适合在哈希算法和数据结构（如哈希表）中使用
GetLifetimeService	检索控制此实例的生存期策略的当前生存期服务对象

表 8-8　PictureBox 控件的常用事件

事件名称	说明
BackColorChanged	当 BackColor 属性的值更改时发生
BackgroundImageChanged	当 BackgroundImage 属性的值更改时发生
BackgroundImageLayoutChanged	当 BackgroundImageLayout 属性更改时发生
BindingContextChanged	当 BindingContext 属性的值更改时发生
CausesValidationChanged	重写 Control.CausesValidationChanged 属性
ChangeUICues	在焦点或键盘用户界面提示更改时发生
Click	在单击控件时发生
ClientSizeChanged	当 ClientSize 属性的值更改时发生
ContextMenuChanged	当 ContextMenu 属性的值更改时发生
ContextMenuStripChanged	当 ContextMenuStrip 属性的值更改时发生
ControlAdded	在将新控件添到 Control.ControlCollection 时发生
ControlRemoved	在从 Control.ControlCollection 移除控件时发生
CursorChanged	当 Cursor 属性的值更改时发生
Disposed	添加事件处理程序，以侦听组件上的 Disposed 事件
DockChanged	当 Dock 属性的值更改时发生
DoubleClick	在双击控件时发生
DragDrop	在完成拖放操作时发生
DragEnter	在将对象拖入控件的边界时发生
DragLeave	在将对象拖出控件的边界时发生

下面的代码示例演示了如何设置图像以及调整图片框的显示区域大小。此示例假定从现有窗体中调用了 ShowMyImage，并且假定已将 System.Drawing 命名空间添加到窗体的源代码中。

```
private Bitmap MyImage ;
public void ShowMyImage（String fileToDisplay, int xSize, int ySize）
{
    // Sets up an image object to be displayed.
    if （MyImage != null）
    {
        MyImage.Dispose（）；
    }

    // Stretches the image to fit the pictureBox.
    pictureBox1.SizeMode = PictureBoxSizeMode.StretchImage；
    MyImage = new Bitmap（fileToDisplay）；
    pictureBox1.ClientSize = new Size（xSize, ySize）；
    pictureBox1.Image = （Image） MyImage；
}
```

8.2.3　C#中的 Enum 类

enum 关键字用于声明枚举，即一种由一组称为枚举数列表的命名常数组成的独特类型。每种枚举类型都有基础类型，该类型可以是除 char 以外的任何整型。枚举元素的默认基础类型为 int。默认情况下，第一个枚举数的值为 0，后面每个枚举数的值依次递增 1。例如：enum Days {Sat, Sun, Mon, Tue, Wed, Thu, Fri}；在此枚举中，Sat 为 0，Sun 为 1，Mon 为 2，依此类推。枚举数可以具有重写默认值的初始值设定项。例如：enum Days {Sat=1, Sun, Mon, Tue, Wed, Thu, Fri}；在此枚举中，强制元素序列从 1 而不是 0 开始。可以给 Days 类型的变量赋以基础类型范围内的任何值，所赋的值不限于已命名的常数。

示例：

```
using System;
public class EnumTest
{
enum Days {Sat=1, Sun, Mon, Tue, Wed, Thu, Fri};
static void Main（）
{
int x = （int）Days.Sun;
int y = （int）Days.Fri;
Console.WriteLine（"Sun = {0}", x）；
Console.WriteLine（"Fri = {0}", y）；
}
}
```
输出：
Sun = 2
Fri = 7

8.2.4　C#中的 Bitmap 类

Bitmap 对象封装了 GDI+（图形设备接口）中的一个位图，此位图由图形图像及其属性的像素数据组成。因此，Bitmap 是用于处理由像素数据定义的图像的对象。Bitmap 类的常用属性、方法见表 8-9 和表 8-10。

表 8-9 Bitmap 类的常用属性

属 性 名 称	说 明
Flags	获取该 Image 的像素数据的特性标志
FrameDimensionsList	获取 GUID 的数组，这些 GUID 表示此 Image 中帧的维数
Height	获取此 Image 的高度（以像素为单位）
HorizontalResolution	获取此 Image 的水平分辨率（以"像素/英寸"为单位）
Palette	获取或设置用于此 Image 的调色板
PhysicalDimension	获取此图像的宽度和高度
PixelFormat	获取此 Image 的像素格式
PropertyIdList	获取存储于该 Image 中的属性项的 ID
PropertyItems	获取存储于该 Image 中的所有属性项（元数据片）
RawFormat	获取此 Image 的文件格式
Size	获取此图像以像素为单位的宽度和高度
Tag	获取或设置提供有关图像附加数据的对象
VerticalResolution	获取此 Image 的垂直分辨率（以"像素/英寸"为单位）
Width	获取此 Image 的宽度（以像素为单位）

表 8-10 Bitmap 类的常用方法

方 法 名 称	说 明
GetEncoderParameterList	返回有关指定的图像编码器所支持的参数的信息
GetFrameCount	返回指定维度的帧数
GetHashCode	用做特定类型的哈希函数
GetHbitmap（）	从此 Bitmap 创建 GDI 位图对象
GetHbitmap（Color）	从此 Bitmap 创建 GDI 位图对象
GetHicon	返回图标的句柄
GetLifetimeService	检索控制此实例的生存期策略的当前生存期服务对象
GetPixel	获取此 Bitmap 中指定像素的颜色
GetPropertyItem	从该 Image 获取指定的属性项
GetThumbnailImage	返回此 Image 的缩略图
GetType	获取当前实例的 Type
InitializeLifetimeService	获取控制此实例的生存期策略的生存期服务对象
MakeTransparent（）	使默认的透明颜色对此 Bitmap 透明
MakeTransparent（Color）	使指定的颜色对此 Bitmap 透明
RemovePropertyItem	从该 Image 移除指定的属性项
RotateFlip	旋转、翻转或者同时旋转和翻转 Image
Save（String）	将该 Image 保存到指定的文件或流

示例：下面的代码示例演示了如何使用 GetPixel 和 SetPixel 方法从文件构造新的 Bitmap 为图像重新着色。它还使用 PixelFormat、Width 和 Height 属性。

此示例旨在用于包含名为 Label1 的 Label、名为 PictureBox1 的 PictureBox 和名为 Button1

的 Windows 窗体。将代码粘贴到该窗体中，并将 Button1_Click 方法与按钮的 Click 事件关联。

```
Bitmap image1;
private void Button1_Click（System.Object sender, System.EventArgs e）
{
    try
    {
        // Retrieve the image.
        image1 = new Bitmap（@"C:\Documents and Settings\All Users\"
            + @"Documents\My Music\music.bmp", true）;
        int x, y;
        // Loop through the images pixels to reset color.
        for（x=0; x<image1.Width; x++）
        {
            for（y=0; y<image1.Height; y++）
            {
                Color pixelColor = image1.GetPixel（x, y）;
                Color newColor = Color.FromArgb（pixelColor.R, 0, 0）;
                image1.SetPixel（x, y, newColor）;
            }
        }
        // Set the PictureBox to display the image.
        PictureBox1.Image = image1;
        // Display the pixel format in Label1.
        Label1.Text = "Pixel format: "+image1.PixelFormat.ToString（）;
    }
    catch（ArgumentException）
    {
        MessageBox.Show（"There was an error." +
            "Check the path to the image file."）;
    }
}
```

8.3 一维条码技术开发

8.3.1 引导任务

以下通过实现一维条码的设计开发与保存，以及对所设计一维条码的打印生成和信息的读取等，实现了解一维条码的开发与应用原理。功能包括：

（1）一维条码的设计生成程序界面设计。
（2）一维条码的打印功能设计。
（3）一维条码的读取程序界面设计。
（4）连接打印机设备实现一维条码的打印功能（可选）。
（5）连接一维条码扫描枪设备实现一维条码的读取功能（可选）。

8.3.2 开发环境

系统要求：Windows 7/XP。

开发工具：Visual Studio 2010。
开发语言：C#。
硬件设备：无。

8.3.3 程序界面设计

（1）新建窗体 Form。将 windows Form 命名为"Frm_Barcode"，属性 Text 的值为"一维条码"，窗体作为整个程序各个功能控件的载体。

（2）添加四个 GroupBox 控件，分别命名为"GroupBox1"、"GroupBox2"、"GroupBox3"、"txtEncoded"（即属性 name 的值），属性 Text 值分别为："条形码"、"条码信息"、"功能按钮"、"码值"，作为其他控件的容器。

（3）添加一个 PictureBox 控件，将 PictureBox 命名为"barcode"（即属性 name 的值），该控件可以显示来自图、图标和元文件以及增强的元文件、JPEG 和 GIF 文件的图形，在本功能设计中将作为一维条码的显示控件。

（4）在"条码信息"一栏中添加 10 个 Lable 控件，分别命名为"Lable1"、"Lable2"、"Lable3"、"Lable4"、"Lable5"、"Lable6"、"Lable7"、"Lable8"、"Lable9"、"Lable10"（即属性 name 的值），借此标签来标识条码信息中的各种参数。

（5）添加三个 TextBox 控件，分别命名为"codeContent"、"wide"、"height"（即属性 name 的值），属性 Text 值分别为"038000356216"、"200"、"150"，作为参数输入的容器。

（6）添加四个 ComboBox 控件，分别命名为"cbcodetype"、"cbAlign"、"cbLevelType"、"cbcodevalue"，分别用于选择一维条码生成时的参数。

（7）在"条码信息"一栏中添加两个 Button 控件，分别命名为"button1"、"button2"，分别用于标识一维条码生成时的前景色和背景色。

（8）在"功能按钮"一栏中添加 5 个 Button 控件，分别命名为"codeDO"、"save"、"print"、"read"、"exit"，分别用于对一维条码的事件操作。

一维条码程序界面设计示例图，如图 8-3 所示。

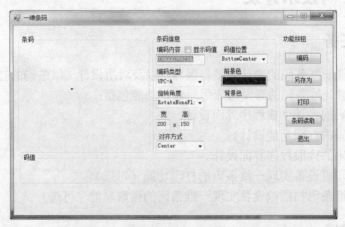

图 8-3 一维条码程序界面设计示例图

一维条码程序窗体、控件对象的主要属性设置见表 8-11。

第 8 章 条码技术

表 8-11 一维条码程序窗体、控件对象的主要属性设置

控件属性	主要属性	功能
Form	（Name）=Frm_Barcode	窗体控件
	Text="一维条码"	窗体标题栏显示的程序名称
GroupBox	（Name）=GroupBox1	组容器
	Text="条形码"	作为各类控件容器
GroupBox	（Name）=GroupBox2	组容器
	Text="条码信息"	作为各类控件容器
GroupBox	（Name）=GroupBox3	组容器
	Text="功能按钮"	作为各类控件容器
GroupBox	（Name）=txtEncoded	组容器
	Text="码值"	作为各类控件容器
TextBox	（Name）=codeContent	文本框控件
	Text="038000356216"	接收输入者输入的文字信息
PictureBox	（Name）=barcode	图像显示控件
TextBox	（Name）=wide	文本框控件
	Text="200"	接收输入者输入的文字信息
TextBox	（Name）=height	文本框控件
	Text="150"	接收输入者输入的文字信息
Button	（Name）=button1	事件执行控件
	BackColor=ActiveCaptionText	按钮被单击时执行操作
Button	（Name）=button2	事件执行控件
	BackColor=White	按钮被单击时执行操作
ComboBox	（Name）=cbcodetype	组合框控件
	Items=UPC-A、UPC-E、UPC 2Digit Ext.、UPC 5 Digit Ext.、EAN-13、JAN-13、EAN-8、ITF-14、Interleaved 2 of 5、Standard 2 of 5、Codabar、PostNet、Bookland/ISBN、Code 11、Code 39、Code 39 Extended、Code 93、Code 128、Code 128-A、Code 128-B、Code 128-C、LOGMARS、MSI、Telepen	控件是由一个文本输入控件和一个下拉菜单组成的。用户可以从一个预先定义的列表里选择一个选项
ComboBox	（Name）=cbLevelType	组合框控件
	Items= Left	组合框控件
ComboBox	（Name）=cbAlign	组合框控件
ComboBox	（Name）=cbcodevalue Items=BottomCenter BottomLeft BottomRight TopCenter TopLeft TopRight	组合框控件
Button	（Name）=codeDO	事件执行控件
	Text="编码"	按钮被单击时执行操作
Button	（Name）=save	事件执行控件
	Text="另存为"	按钮被单击时执行操作
Button	（Name）=print	事件执行控件
	Text="打印"	按钮被单击时执行操作
Button	（Name）=read	事件执行控件
	Text="条码读取"	按钮被单击时执行操作
Button	（Name）=exit	事件执行控件
	Text="退出"	按钮被单击时执行操作

8.3.4 程序代码设计

1．引入命名空间

System.Drawing 命名空间提供了对 GDI+基本图形功能的访问，其中包含 System.Drawing.Imaging、System.Drawing.Printing 等。System.Drawing.Imaging 命名空间提供高级 GDI+图像处理功能；System.Drawing.Printing 命名空间为 Windows 窗体应用程序提供与打印相关的服务。

```
using System;
using System.Collections.Generic;
using System.ComponentModel;
using System.Data;
using System.Drawing;
using System.Linq;
using System.Text;
using System.Windows.Forms;
using System.Drawing.Imaging;
using System.IO;
using System.Drawing.Printing;
```

2．实例化位图，作为条码的载体

```
Bitmap bm = new Bitmap（1,1）;    //实例化指定大小位图
bm.SetPixel（0,0,this.BackColor）;  //指定坐标位置与背景色
barcode.Image =（Image）bm;        //将位图转换成图片形式,放在 PictureBox 控件中
```

3．初始化参数

初始化参数，完成对界面生成条码的参数设置。

```
private void Form1_Load（object sender, EventArgs e）
        {
            Bitmap bm = new Bitmap（1,1）;
            bm.SetPixel（0,0,this.BackColor）;
            barcode.Image =（Image）bm;
            this.cbcodetype.SelectedIndex = 0;
            this.cbLevelType.SelectedIndex = 0;
            this.cbcodevalue.SelectedIndex = 0;
            this.cbAlign.DataSource = System.Enum.GetNames（typeof（RotateFlipType））;
            int i = 0;
            foreach （object o in cbAlign.Items）
                {
                    if （o.ToString（）.Trim（）.ToLower（） == "rotatenoneflipnone"）
                        break;
                    i++;
                }
            this.cbAlign.SelectedIndex = i;
        }
```

4．生成一维条码

点击编码按钮，进行一维条码的生成操作。

```
private void codeDO_Click（object sender, EventArgs e）
```

```csharp
{
    int W = Convert.ToInt32（this.wide.Text.Trim（））;
    int H = Convert.ToInt32（this.height.Text.Trim（））;
    BarcodeLib.AlignmentPositions align = BarcodeLib.AlignmentPositions.CENTER;
    switch （cbAlign.SelectedItem.ToString（）.Trim（）.ToLower（））
    {
        case "left": align = BarcodeLib.AlignmentPositions.LEFT; break;
        case "right": align = BarcodeLib.AlignmentPositions.RIGHT; break;
        default: align = BarcodeLib.AlignmentPositions.CENTER; break;
    }
    BarcodeLib.TYPE type = BarcodeLib.TYPE.UNSPECIFIED;
    switch （cbcodetype.SelectedItem.ToString（）.Trim（））
    {
        case "UPC-A": type = BarcodeLib.TYPE.UPCA; break;
        case "UPC-E": type = BarcodeLib.TYPE.UPCE; break;
        case "UPC 2 Digit Ext.": type = BarcodeLib.TYPE.UPC_SUPPLEMENTAL_2DIGIT; break;
        case "UPC 5 Digit Ext.": type = BarcodeLib.TYPE.UPC_SUPPLEMENTAL_5DIGIT; break;
        case "EAN-13": type = BarcodeLib.TYPE.EAN13; break;
        case "JAN-13": type = BarcodeLib.TYPE.JAN13; break;
        case "EAN-8": type = BarcodeLib.TYPE.EAN8; break;
        case "ITF-14": type = BarcodeLib.TYPE.ITF14; break;
        case "Codabar": type = BarcodeLib.TYPE.Codabar; break;
        case "PostNet": type = BarcodeLib.TYPE.PostNet; break;
        case "Bookland/ISBN": type = BarcodeLib.TYPE.BOOKLAND; break;
        case "Code 11": type = BarcodeLib.TYPE.CODE11; break;
        case "Code 39": type = BarcodeLib.TYPE.CODE39; break;
        case "Code 39 Extended": type = BarcodeLib.TYPE.CODE39Extended; break;
        case "Code 93": type = BarcodeLib.TYPE.CODE93; break;
        case "LOGMARS": type = BarcodeLib.TYPE.LOGMARS; break;
        case "MSI": type = BarcodeLib.TYPE.MSI_Mod10; break;
        case "Interleaved 2 of 5": type = BarcodeLib.TYPE.Interleaved2of5; break;
        case "Standard 2 of 5": type = BarcodeLib.TYPE.Standard2of5; break;
        case "Code 128": type = BarcodeLib.TYPE.CODE128; break;
        case "Code 128-A": type = BarcodeLib.TYPE.CODE128A; break;
        case "Code 128-B": type = BarcodeLib.TYPE.CODE128B; break;
        case "Code 128-C": type = BarcodeLib.TYPE.CODE128C; break;
        case "Telepen": type = BarcodeLib.TYPE.TELEPEN; break;
        default: MessageBox.Show（"请选择一个编码类型"）; break;
    }

            try
            {
                if （type != BarcodeLib.TYPE.UNSPECIFIED）
                {
                    b.IncludeLabel = this.chkGenerateLabel.Checked;
                    b.Alignment = align;
                    b.RotateFlipType = （RotateFlipType）Enum.Parse（typeof（RotateFlipType），this.cbAlign.SelectedItem.ToString（），true）;
    switch （this.cbcodevalue.SelectedItem.ToString（）.Trim（）.ToUpper（））
    {
```

```
            case "BOTTOMLEFT":    b.LabelPosition = BarcodeLib.LabelPositions.BOTTOMLEFT; break;
            case "BOTTOMRIGHT": b.LabelPosition = BarcodeLib.LabelPositions.BOTTOMRIGHT; break;
            case "TOPCENTER":  b.LabelPosition = BarcodeLib.LabelPositions.TOPCENTER; break;
            case "TOPLEFT":    b.LabelPosition = BarcodeLib.LabelPositions.TOPLEFT; break;
            case "TOPRIGHT":   b.LabelPosition = BarcodeLib.LabelPositions.TOPRIGHT; break;
            default: b.LabelPosition = BarcodeLib.LabelPositions.BOTTOMCENTER; break;
        }

        //===== Encoding performed here =====
        barcode.Image = b.Encode（type, this.codeContent.Text.Trim（）, this.button1.BackColor, this.button2.BackColor, W, H）
        //show the encoding time
        this.time.Text = "（" + Math.Round（b.EncodingTime, 0, MidpointRounding.AwayFromZero）.ToString（）+ "ms）";
        txtEncoded.Text = b.EncodedValue;
                }//if

        barcode.Width = barcode.Image.Width;
        barcode.Height = barcode.Image.Height;
        //reposition the barcode image to the middle
        barcode.Location = new Point（（this.groupBox1.Location.X + this.groupBox1.Width / 2）- barcode.Width / 2,（this.groupBox1.Location.Y + this.groupBox1.Height / 2）- barcode.Height / 2）;
        }//try
        catch （Exception ex）
        {
            MessageBox.Show（ex.Message）;
        }//catch
    }
```

5．运行结果

调试完成后点击工具栏中的"启动"按键（或者按下快捷键 F5），运行程序。一维条码程序界面如图 8-4 所示。

图 8-4　一维条码程序界面

6．保存一维条码

点击另存为按钮进行保存操作，以作为标签使用，具体实现代码参考如下：

```
private void save_Click（object sender, EventArgs e）
{
    SaveFileDialog saveFileDialog = new SaveFileDialog（）;
    saveFileDialog.Filter = @"PNG （*.png）|*.png|Bitmap （*.bmp）|*.bmp";
```

```
            saveFileDialog.FileName = Path.GetFileName（GetFileNameProposal（））；
            saveFileDialog.DefaultExt = "png";
   if （saveFileDialog.ShowDialog（） != DialogResult.OK）
       {
            return;
       }
   Bitmap bitmap = （Bitmap）this.barcode.Image;
   bitmap.Save（saveFileDialog.FileName,saveFileDialog.FileName.EndsWith（"png"）
              ? ImageFormat.Png: ImageFormat.Bmp）；
       }
```

8.4 二维条码技术开发

8.4.1 引导任务

以下通过实现二维条码的设计开发与保存，以及对所设计二维条码的打印生成和信息的读取等，实现了二维条码的开发与应用原理。主要功能包括：

（1）二维码的设计生成程序界面设计。
（2）二维码的打印功能设计。
（3）二维码的保存功能设计。
（4）连接打印机设备实现二维码的打印功能（可选）。
（5）连接二维码扫描设备实现二维码的读取功能（可选）。

8.4.2 开发环境

系统要求：Windows 7/XP。
开发工具：Visual Studio 2010。
开发语言：C#。
硬件设备：无。

8.4.3 程序界面设计

（1）新建窗体 Form。将 Windows Form 命名为"Frm_QRcode"，属性 Text 的值为"QRcode"，窗体作为整个程序各个功能控件的载体。

（2）添加 2 个 GroupBox 控件，分别命名为"GroupBox1"、"GroupBox2"（即属性 name 的值），属性 Text 的值分别为"二维码"、"选项"，作为其他控件的容器。

（3）添加 1 个 PictureBox 控件，将 PictureBox 命名为"PictureBox1"（即属性 name 的值），该控件可以显示来自位图、图标和元文件以及增强的元文件、JPEG 和 GIF 文件的图形，在本功能设计中将作为一维条码的显示控件。

（4）在"选项"一栏中添加 4 个 Lable 控件，分别命名为"Lable1"、"Lable2"、"Lable3"、"Lable4"。（即属性 name 的值），借此标签来标识条码信息中的各种参数。

（5）添加 1 个 TextBox 控件，命名为"codeContent"（即属性 name 的值），作为参数输入的容器。

物联网技术应用开发

（6）添加 2 个 NumericUpDown，分别命名为"numericWide"、"numericHeight"，value 属性分别为"150"、"150"。

（7）添加 1 个 ComboBox 控件，命名为"comobox1"，用于选择二维条码生成时的参数。

（8）添加 3 个 Button 控件，分别命名为"codeDO"、"save"、"exit"，用于对二维条码事件的操作。

二维条码程序界面设计如 8-5 所示。

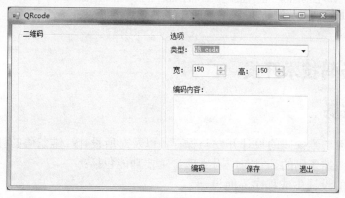

图 8-5　二维码程序界面设计示例图

二维条码程序窗体、控件对象的主要属性设置见表 8-12。

表 8-12　二维条码程序窗体、控件对象的主要属性设置

控件属性	主要属性	功　　能
Form	（Name）=Frm_Barcode	窗体控件
	Text="一维条码"	窗体标题栏显示的程序名称
GroupBox	（Name）=GroupBox1	组容器
	Text="条形码"	作为各类控件容器
GroupBox	（Name）=GroupBox2	组容器
	Text="条码信息"	作为各类控件容器
GroupBox	（Name）=GroupBox3	组容器
	Text="功能按钮"	作为各类控件容器
GroupBox	（Name）=txtEncoded	组容器
	Text="码值"	作为各类控件容器
TextBox	（Name）=codeContent	文本框控件
	Text="038000356216"	接收输入者输入的文字信息
PictureBox	（Name）=barcode	图像显示控件
TextBox	（Name）=wide	文本框控件
	Text="200"	接收输入者输入的文字信息
TextBox	（Name）=height	文本框控件
	Text="150"	接收输入者输入的文字信息
Button	（Name）=button1	事件执行控件
	BackColor=ActiveCaptionText	按钮被单击时执行操作
Button	（Name）=button2	事件执行控件
	BackColor=White	按钮被单击时执行操作

第8章 条码技术

（续）

控件属性	主要属性	功能
ComboBox	（Name）=cbcodetype	组合框控件
	Items=UPC-A、UPC-E、UPC 2Digit Ext.、UPC 5 Digit Ext.、EAN-13、JAN-13、EAN-8、ITF-14、Interleaved 2 of 5、Standard 2 of 5、Codabar、PostNet、Bookland/ISBN、Code 11、Code 39、Code 39 Extended、Code 93、Code 128、Code 128-A、Code 128-B、Code 128-C、LOGMARS、MSI、Telepen	控件是由一个文本输入控件和一个下拉菜单组成的。用户可以从一个预先定义的列表里选择一个选项
ComboBox	（Name）=cbLevelType	组合框控件
	Items=Center、Left、Right	
ComboBox	（Name）=cbAlign	组合框控件
ComboBox	（Name）=cbcodevalue	组合框控件
	Items = BottomCenter、BottomLeft、BottomRight、TopCenter、TopLeft、TopRight	
Button	（Name）=codeDO	事件执行控件
	Text="编码"	按钮被单击时执行操作
Button	（Name）=save	事件执行控件
	Text="另存为"	按钮被单击时执行操作
Button	（Name）=print	事件执行控件
	Text="打印"	按钮被单击时执行操作
Button	（Name）=read	事件执行控件
	Text="条码读取"	按钮被单击时执行操作
Button	（Name）=exit	事件执行控件
	Text="退出"	按钮被单击时执行操作

8.4.4 程序代码设计

1．引入命名空间

System.IO.Path 命名空间主要对包含文件或目录路径信息的 String 实例执行操作。这些操作是以跨平台的方式执行的。Com.Google.Zxing 命名空间是引用开源的动态连接库 ZXing.dll，ZXing 库实现了众多的一维条码、二维条码的读取功能，例如常见的 EAN-13 码和 QR 码，同时，Zxing 支持多种编程语言。

引入程序集如下：

```
using System;
using System.Collections.Generic;
using System.ComponentModel;
using System.Data;
using System.Drawing;
using System.Linq;
using System.Text;
using System.Windows.Forms;
```

```
using com.google.zxing;
using com.google.zxing.common;
using System.Drawing.Imaging;
using System.IO;
```

2. 初始化参数

初始化参数代码如下:
```
public Frm_QRcode（）
    {
        InitializeComponent（）;
        this.comboBox1.Items.Add（"QR code"）;
        this.comboBox1.SelectedIndex = 0;
    }
```

3. 实例化位图,作为条码的载体

实例化位图代码如下:
```
public static Bitmap toBitmap（ByteMatrix matrix）
    {
        int width = matrix.Width;
        int height = matrix.Height;
        Bitmap bmap = new Bitmap（width, height, System.Drawing.Imaging.PixelFormat.Format32bppArgb）;
        for （int x = 0; x < width; x++)
        {
            for （int y = 0; y < height; y++)
            {
                bmap.SetPixel（x, y, matrix.get_Renamed（x, y） != -1 ? ColorTranslator.FromHtml（"0xFF000000"） : ColorTranslator.FromHtml（"0xFFFFFFFF"））;
            }
        }
        return bmap;
    }
```

4. 生成二维码

点击编码按钮生成二维码。
```
private void codeDO_Click（object sender, EventArgs e）
    {
        try
        {
            string content = codeContent.Text;
            if （content == null || content.Length <= 0)
            {
                return;
            }
            int height = （int）this.numericHeight.Value;
            int wide = （int）this.numericWide.Value;
            BarcodeFormat format = BarcodeFormat.QR_CODE;
            switch （this.comboBox1.SelectedIndex）
            {
```

```
            case 1:
                format = BarcodeFormat.PDF417;
                break;
            case 2:
                format = BarcodeFormat.DATAMATRIX;
                break;
        }
        ByteMatrix byteMatrix = new MultiFormatWriter().encode(content, format, wide, height);
        Bitmap bitmap = toBitmap(byteMatrix);
        pictureBox1.Image = bitmap;
    }
    catch (System.Exception ex)
    {
        MessageBox.Show("编码出现异常，可能不支持编码！","提示");
    }
}
```

5. 保存二维码

点击保存按钮，实现保存二维码功能，将生成的二维码保存至计算机的某个路径中。代码如下：

```
private void save_Click(object sender, EventArgs e)
{
    SaveFileDialog saveFileDialog = new SaveFileDialog();
    saveFileDialog.Filter = "PNG (*.png)|*.png|Bitmap (*.bmp)|*.bmp";
    saveFileDialog.FileName = Path.GetFileName(GetFileNameProposal());
    saveFileDialog.DefaultExt = "png";
    if (saveFileDialog.ShowDialog() != DialogResult.OK)
    {
        return;
    }
    Bitmap bitmap = (Bitmap)this.pictureBox1.Image;
    bitmap.Save(
        saveFileDialog.FileName,
        saveFileDialog.FileName.EndsWith("png")
            ? ImageFormat.Png
            : ImageFormat.Bmp);
}
private string GetFileNameProposal()
{
    return codeContent.Text.Length > 10 ? codeContent.Text.Substring(0, 10) : codeContent.Text;
}
```

6. 退出程序

点击退出按钮完成界面的退出功能，代码如下：

```
private void exit_Click(object sender, EventArgs e)
{
    this.Close();
}
```

7. 运行结果

调试完成后,点击工具栏中的"启动"按键(或者按下快捷键 F5),运行程序。二维条码程序界面如图 8-6 所示。

图 8-6 二维条码程序界面

第 9 章
RFID 技术

9.1 RFID 技术概述

9.1.1 RFID 技术的概念

RFID（Radio Frequency IDentification，射频识别）技术，又称电子标签、无线射频识别，是一种通信技术，可通过无线电信号识别特定目标并读写相关数据，而不需要识别系统与特定目标之间建立机械或光学接触。它是物联网中"让物品开口说话"的关键技术，物联网中 RFID 标签上存着规范而具有互通性的信息，通过无线数据通信网络把它们自动采集到中央信息系统中，实现物品的识别。

9.1.2 RFID 技术的特点

RFID 技术是一项易于操控、简单实用且特别适合用于自动化控制的灵活性应用技术，识别工作无须人工干预，它既可支持只读工作模式，也可支持读写工作模式，且无须接触或瞄准。RFID 技术可自由工作在各种恶劣环境下：短距离射频产品不怕油渍、灰尘污染等恶劣的环境，可以替代条码，例如用在工厂的流水线上跟踪物体；长距射频产品多用在交通上，识别距离可达几十米，如自动收费或识别车辆身份等。其所具备的独特优越性是其他识别技术无法企及的。

RFID 技术主要有以下几个方面特点：

（1）读取方便快捷：数据的读取无需光源，甚至可以透过外包装来进行。有效识别距离更大，采用自带电池的主动标签，有效识别距离可达到 30m 以上。

（2）识别速度快：标签一进入磁场，解读器就可以即时读取其中的信息，而且能够同时处理多个标签，实现批量识别。

（3）数据容量大：数据容量最大的二维条码最多也只能存储 2725 个数字；若包含字母，存储量则会更少。RFID 标签可以根据用户的需要扩充到数十 KB。

（4）使用寿命长，应用范围广：无线电通信方式使其可以应用于粉尘、油污等高污染环境和放射性环境，而且封闭式包装使得其寿命大大超过印刷的条码。

（5）标签数据可动态更改：利用编程器可以向标签内写入数据，从而赋予 RFID 标签交互式便携数据文件的功能。

（6）更好的安全性：不仅可以嵌入或附着在不同形状、类型的产品上，而且可以为标签数据的读写设置密码保护，从而具有更高的安全性。

（7）动态实时通信：标签以每秒 50～100 次的频率与解读器进行通信，所以只要 RFID 标签所附着的物体出现在解读器的有效识别范围内，就可以对其位置进行动态的追踪和监控。表 9-1 是常见的自动识别技术的比较。

表 9-1 常见的自动识别技术的比较

系统参数	条码	OCR	生物识别	智能卡	RFID
典型的数据量/Byte	1～100	1～100	—	16k～64k	16k～64k
数据密度	低	低	高	很高	很高
机器可读性	好	好	好	好	好
人可读	有限	简单	简单	不可	不可
污渍和潮湿的影响	很高	很高	（根据具体技术）	可能（接触式）	不影响
遮盖的影响	完全失效	完全失效	（根据具体技术）	—	不影响
方向和位置的影响	低	低	—	双向	不影响
退化和磨损	有限	有限	—	有（接触）	不影响
购买成本	很低	中	很高	低	中
运行成本	低	低	无	中（接触式）	无
安全	轻微	轻微	可能	高	高
阅读速度	低～4s	低～3s	较低	较低～4s	很快～0.5s
阅读器和载体之间的最大距离	0～50cm	<1cm	0～50cm	直接接触	0～5m

9.1.3 RFID 技术的分类

根据电子标签的不同可分为可读写卡（RW 卡）、一次写入多次读出卡（WORM 卡）和只读卡（RO 卡）。可读写卡一般比一次写入多次读出卡和只读卡贵得多，如电话卡、信用卡等；一次写入多次读出卡是用户可以一次性写入的卡，写入后数据不能改变，比可读写卡要便宜；只读卡存有一个唯一的号码，不能修改，保证了安全性。

根据电子标签的电源可分为有源电子标签和无源电子标签。有源电子标签使用卡内电流的能量，识别距离较长，可达十几米，但是它的寿命有限（3～10 年），且价格较高；无源电子标签不含电池，它接收到阅读器（读出装置）发出的微波信号后，利用阅读器发射的电磁波提供能量，一般可做到免维护，具有重量轻、体积小、寿命长、较便宜的特点，但它的发射距离受到限制，一般是几十厘米，且需要阅读器的发射功率大。

根据电子标签调制方式不同还可分为主动式（Active tag）和被动式（Passive tag）。主动式的电子标签用自身的射频能量主动地发送数据给读写器，主要用于有障碍物的应用中，距离较远（可达 30 米）；被动式的电子标签使用调制散射方式发射数据，它必须利用阅读器读写器的载波调制自己的信号，适宜在门禁或交通的应用中使用。

根据电子标签工作频率不同通常可分为低频（30kHz～300kHz）、中频（3MHz～30MHz）和高频系统（300MHz～3GHz）。RFID 系统的常见工作频率有低频 125kHz、134.2kHz，高频 13.56MHz，超高频 860MHz～930MHz、2.45GHz、5.8GHz 等。低频系统特点是电子标签内保存的数据量较少、阅读距离较短、电子标签外形多样、阅读天线方向性不强等。主要用于短距离、低成本的应用中，如多数的门禁控制、校园卡、煤气表、水表等。中频系统则用于需传送大量数据的应用系统。高频系统的特点是电子标签及阅读器成本均较高、标签内保存的数据量较大、阅读距离较远（可达十几米）、适应物体高速运动、性能好。阅读天线及电子标签天线均有较强的方向性，但其天线宽波束方向较窄且价格较高，主要用于需要较长的读写距离和高读写速度的场合，多在火车监控、高速公路收费等系统中应用。

9.2 知识储备

9.2.1 C#中的 DataGridView 控件

使用 DataGridView 控件，可以显示和编辑来自多种不同类型数据源的表格数据。

将数据绑定到 DataGridView 控件非常简单和直观，在大多数情况下，只需设置 DataSource 属性即可。在绑定到包含多个列表或表的数据源时，只需将 DataMember 属性设置为指定要绑定的列表或表的字符串即可。

DataGridView 控件具有极高的可配置性和可扩展性，它提供有大量的属性、方法和事件，可以用来对该控件的外观和行为进行自定义。当需要在 Windows 窗体应用程序中显示表格数据时应首先考虑使用 DataGridView 控件，然后再考虑使用其他控件（如 DataGrid）。若要以小型网格显示只读值，或者要使用户能够编辑具有数百万条记录的表，DataGridView 控件可以为用户提供方便地进行编程以及有效地利用内存的解决方案。

DataGridView 控件的常用属性、方法和事件见表 9-2～表 9-4。

表 9-2 DataGridView 控件的常用属性

属性名称	说明
BindingContext	获取或设置控件的 BindingContext
BorderStyle	获取或设置 DataGridView 的边框样式
Bottom	获取控件下边缘与其容器的工作区上边缘之间的距离（以像素为单位）
Bounds	获取或设置控件（包括其非工作区元素）相对于其父控件的大小和位置（以像素为单位）
CanFocus	获取一个值，该值指示控件是否可以接收焦点
CanRaiseEvents	确定是否可以在控件上引发事件
CanSelect	获取一个值，该值指示是否可以选中控件
Capture	获取或设置一个值，该值指示控件是否已捕获鼠标
CausesValidation	获取或设置一个值，该值指示控件是否会引起在任何需要在接收焦点时执行验证的控件上执行验证
CellBorderStyle	获取 DataGridView 的单元格边框样式
ClientRectangle	获取表示控件工作区的矩形
ClientSize	获取或设置控件工作区的高度和宽度
ClipboardCopyMode	获取或设置一个值，该值指示用户是否可以将单元格复制文本值到 Clipboard，以及是否包含行和列标头文本
ColumnCount	获取或设置在 DataGridView 显示的列数
ColumnHeadersBorderStyle	获取边框样式应用于列标题
ColumnHeadersDefaultCellStyle	获取或设置默认列标题样式
ColumnHeadersHeight	获取或设置列标题行高度，均以像素为单位
ColumnHeadersHeightSizeMode	获取或设置一个列标题的高度是否可调整，并且是否的值可由用户调整或自动调整以适合头文件的内容

表 9-3 DataGridView 控件的常用方法

方 法 名 称	说 明
CreateHandle	为该控件创建句柄
CreateObjRef	创建一个对象，该对象包含生成用于与远程对象进行通信的代理所需的全部相关信息
CreateRowsInstance	创建并返回新 DataGridViewRowCollection
DefWndProc	向默认窗口过程发送指定消息
DestroyHandle	毁坏与该控件关联的句柄
DisplayedColumnCount	返回的列数显示给用户
DisplayedRowCount	返回要显示给用户
Dispose()	释放由 Component 使用的所有资源
Dispose(Boolean)	释放由 Control 和它的子控件占用的非托管资源，另外还可以释放托管资源
DoDragDrop	开始拖放操作
DrawToBitmap	支持呈现到指定的位图
EndEdit()	提交对当前单元格进行的编辑并结束编辑操作
EndInvoke	检索由传递的 IAsyncResult 表示的异步操作的返回值
Equals(Object)	确定指定的对象是否等于当前对象
Finalize	在通过垃圾回收将 Component 回收之前释放非托管资源，并执行其他清理操作
FindForm	检索控件所在的窗体
Focus	为控件设置输入焦点
GetAccessibilityObjectById	检索指定的 AccessibleObject
GetAutoSizeMode	检索一个值，该值指示当启用控件的 AutoSize 属性时控件的行为方式
GetCellCount	获取满足提供的筛选器单元格数目
GetCellDisplayRectangle	返回表示单元格的显示区域的矩形
GetChildAtPoint(Point)	检索位于指定坐标处的子控件
GetChildAtPoint(Point, GetChildAtPointSkip)	检索位于指定坐标的子控件，并且指定是否忽略特定类型的子控件

表 9-4 DataGridView 控件的常用事件

事 件 名 称	说 明
CellLeave	当单元格失去输入焦点并且不再是当前单元格时发生
CellMouseClick	在 DataGridView 内的单元格中单击时发生
CellMouseDoubleClick	在 DataGridView 内的单元格中双击时发生
CellMouseDown	当鼠标指针在单元格的范围内按下鼠标按钮时发生
CellMouseEnter	当鼠标指针进入单元格时发生
CellMouseLeave	当鼠标指针离开单元格发生
CellMouseMove	当鼠标指针移动到 DataGridView 控件时发生
CellMouseUp	当用户在单元格中松开鼠标按钮时发生
CellParsing	单元格退出编辑模式，且修改了单元格值时发生
CellStyleChanged	当 DataGridViewCell 的 Style 属性更改时发生
CellStyleContentChanged	在一个单元格样式的值更改后发生
CellValidated	在单元格验证完成后发生
CellValidating	当单元格失去输入焦点或启用内容验证时发生
CellValueChanged	当单元格的值更改时发生
ChangeUICues	焦点或键盘用户界面提示更改时发生
Click	在单击控件时发生
ClientSizeChanged	当 ClientSize 属性的值更改时发生
ColumnAdded	将列添加到控件时发生

9.2.2　C#中的 Timer 控件

Timer 类提供以指定的时间间隔执行方法的机制，此类不能被继承。通过引发 Timer 事件，Timer 控件可以有规律地隔一段时间执行一次代码。

语法：

timer1.Enabled = true;
timer1.Interval=3600000;//以毫秒为单位
private void timer1_Tick（object sender, EventArgs e）
{MessageBox.Show（"时间到"）；
}

说明：Timer 控件用于背景进程中，它是不可见的。对于 Timer 控件以外的其他控件的多重选择，不能设置 Timer 的 Enabled 属性。在运行于 Windows 95 或 Windows NT 下的 Visual Basic 5.0 中可以有多个活动的定时器控件，对此，实际上并没有什么限制。

补充：Timer 控件通俗来说就是计时器，这是一个不可视控件。它的重要属性有 Interval、Enabled。它的 Tick 事件指的是每经过 Interval 属性指定的时间间隔时发生一次。Timer 控件的常用事件见表 9-5。

表 9-5　Timer 控件的常用事件

事 件 名 称	说　　明
Change（Int32, Int32）	更改计时器的启动时间和方法调用之间的间隔，用 32 位有符号整数度量时间间隔
Change（Int64, Int64）	更改计时器的启动时间和方法调用之间的间隔，用 64 位有符号整数度量时间间隔
Change（TimeSpan, TimeSpan）	更改计时器的启动时间和方法调用之间的时间间隔，使用 TimeSpan 值度量时间间隔
Change（UInt32, UInt32）	更改计时器的启动时间和方法调用之间的间隔，用 32 位无符号整数度量时间间隔
CreateObjRef	创建一个对象，该对象包含生成用于与远程对象进行通信的代理所需的全部相关信息（继承自 MarshalByRefObject）
Dispose（）	释放由 Timer 的当前实例使用的所有资源
Dispose（WaitHandle）	释放 Timer 的当前实例使用的所有资源并在释放完计时器时发出信号
Equals（Object）	确定指定的对象是否等于当前对象（继承自 Object）
GetHashCode	用做特定类型的哈希函数（继承自 Object）
GetLifetimeService	检索控制此实例的生存期策略的当前生存期服务对象（继承自 MarshalByRefObject）
GetType	获取当前实例的 Type（继承自 Object）
InitializeLifetimeService	获取控制此实例的生存期策略的生存期服务对象（继承自 MarshalByRefObject）
ToString	返回表示当前对象的字符串（继承自 Object）
Change（Int32, Int32）	更改计时器的启动时间和方法调用之间的间隔，用 32 位有符号整数度量时间间隔
Change（Int64, Int64）	更改计时器的启动时间和方法调用之间的间隔，用 64 位有符号整数度量时间间隔
Change（TimeSpan, TimeSpan）	更改计时器的启动时间和方法调用之间的时间间隔，使用 TimeSpan 值度量时间间隔
Change（UInt32, UInt32）	更改计时器的启动时间和方法调用之间的间隔，用 32 位无符号整数度量时间间隔
CreateObjRef	创建一个对象，该对象包含生成用于与远程对象进行通信的代理所需的全部相关信息（继承自 MarshalByRefObject）
Dispose（）	释放由 Timer 的当前实例使用的所有资源
Dispose（WaitHandle）	释放 Timer 的当前实例使用的所有资源并在释放完计时器时发出信号
Equals（Object）	确定指定的对象是否等于当前对象（继承自 Object）
GetHashCode	用做特定类型的哈希函数（继承自 Object）
GetLifetimeService	检索控制此实例的生存期策略的当前生存期服务对象（继承自 MarshalByRefObject）
GetType	获取当前实例的 Type（继承自 Object）

下面的代码示例阐释了 Timer 类的功能：

```csharp
using System;
using System.Threading;
class TimerExample
{
    static void Main()
    {
        // Create an event to signal the timeout count threshold in the
        // timer callback.
        AutoResetEvent autoEvent     = new AutoResetEvent(false);
        StatusChecker  statusChecker = new StatusChecker(10);
        // Create an inferred delegate that invokes methods for the timer.
        TimerCallback tcb = statusChecker.CheckStatus;
        // Create a timer that signals the delegate to invoke
        // CheckStatus after one second, and every 1/4 second
        // thereafter.
        Console.WriteLine("{0} Creating timer.\n",
            DateTime.Now.ToString("h:mm:ss.fff"));
        Timer stateTimer = new Timer(tcb, autoEvent, 1000, 250);
        // When autoEvent signals, change the period to every
        // 1/2 second.
        autoEvent.WaitOne(5000, false);
        stateTimer.Change(0, 500);
        Console.WriteLine("\nChanging period.\n");
        // When autoEvent signals the second time, dispose of
        // the timer.
        autoEvent.WaitOne(5000, false);
        stateTimer.Dispose();
        Console.WriteLine("\nDestroying timer.");
    }
}
class StatusChecker
{
    private int invokeCount;
    private int maxCount;
    public StatusChecker(int count)
    {
        invokeCount = 0;
        maxCount = count;
    }
    // This method is called by the timer delegate.
    public void CheckStatus(Object stateInfo)
    {
        AutoResetEvent autoEvent = (AutoResetEvent)stateInfo;
        Console.WriteLine("{0} Checking status {1,2}.",
            DateTime.Now.ToString("h:mm:ss.fff"),
            (++invokeCount).ToString());

        if (invokeCount == maxCount)
        {
```

```
            // Reset the counter and signal Main.
            invokeCount  = 0;
            autoEvent.Set();
        }
    }
}
```

9.2.3　C#中的 DataTable 类

DataTable 表示一个内存内关系数据的表，可以独立创建和使用，也可以由其他.NET Framework 对象使用，最常见的情况是作为 DataSet 的成员使用。在创建 DataTable 之后，执行的活动可以与使用数据库中的表时执行的活动相同。包含添加、查看、编辑和删除表中数据的操作；可以监视错误和事件；并且可以查询表中的数据。在修改 DataTable 中的数据时，也可以验证更改是否正确，并决定是否以编程方式接受更改或拒绝更改。

DataTable 控件的常用属性、方法和事件分别见表 9-6～表 9-8。

表 9-6　DataTable 控件的常用属性

属性名称	说明
ChildRelations	获取此 DataTable 的子关系的集合
Columns	获取属于该表的列的集合
Constraints	获取由该表维护的约束的集合
Container	获取组件的容器。
DataSet	获取此表所属的 DataSet
DefaultView	获取可能包括筛选视图或游标位置的表的自定义视图
DesignMode	获取指示组件当前是否处于设计模式的值
DisplayExpression	获取或设置一个表达式，该表达式返回的值用于表示用户界面中的此表
ExtendedProperties	获取自定义用户信息的集合
HasErrors	获取一个值，该值指示该表所属 DataSet 的任何表的任何行中是否有错误
IsInitialized	获取一个值，该值指示是否已初始化 DataTable
Locale	获取或设置用于比较表中字符串的区域设置信息
MinimumCapacity	获取或设置该表最初的起始大小
Namespace	获取或设置 DataTable 中所存储数据的 XML 表示形式的命名空间
ParentRelations	获取该 DataTable 的父关系的集合
Prefix	获取或设置 DataTable 中所存储数据的 XML 表示形式的命名空间
PrimaryKey	获取或设置充当数据表主键的列的数组
RemotingFormat	获取或设置序列化格式
Rows	获取属于该表的行的集合

表 9-7　DataTable 控件的常用方法

方法名称	说明
BeginLoadData	在加载数据时关闭通知、索引维护和约束
Clear	清除所有数据的 DataTable
Clone	克隆 DataTable 的结构，包括有 DataTable 架构和约束
Compute	计算用来传递筛选条件的当前行上的给定表达式

(续)

方法名称	说明
Copy	复制该 DataTable 的结构和数据
CreateDataReader	返回与此 DataTable 中的数据相对应的 DataTableReader
Dispose	释放由 MarshalByValueComponent 占用的资源
EndInit	结束在窗体上使用或由另一个组件使用的 DataTable 的初始化。此初始化在运行时发生
EndLoadData	在加载数据后打开通知、索引维护和约束
Equals	确定两个 Object 实例是否相等
GetChanges	获取 DataTable 的副本，该副本包含自上次加载以来或自调用 AcceptChanges 以来对该数据集进行的所有更改
GetDataTableSchema	此方法返回 XmlSchemaSet 实例，此实例包含描述 Web 服务的 DataTable 的 WSDL
GetErrors	获取包含错误的 DataRow 对象的数组
GetHashCode	用做特定类型的哈希函数。GetHashCode 适合在哈希算法和数据结构（如哈希表）中使用
GetObjectData	用序列化 DataTable 所需的数据填充序列化信息对象
GetService	获取 IServiceProvider 的实施者
GetType	获取当前实例的 Type
ImportRow	将 DataRow 复制到 DataTable 中，保留任何属性设置以及初始值和当前值
Load	通过所提供的 IDataReader，用某个数据源的值填充 DataTable。如果 DataTable 已经包含行，则从数据源传入的数据将与现有的行合并
LoadDataRow	查找和更新特定行。如果找不到任何匹配行，则使用给定值创建新行
Merge	将指定的 DataTable 与当前的 DataTable 合并
NewRow	创建与该表具有相同架构的新 DataRow
ReadXml	将 XML 架构和数据读入 DataTable
ReadXmlSchema	将 XML 架构读入 DataTable

表 9-8 DataTable 控件的常用事件

事件名称	说明
ColumnChanged	在 DataRow 中指定 DataColumn 的值被更改后发生
ColumnChanging	在 DataRow 中指定 DataColumn 的值发生更改时发生
Disposed	添加事件处理程序以侦听组件上的 Disposed 事件（从 MarshalByValueComponent 继承）
Initialized	初始化 DataTable 后发生
RowChanged	在成功更改 DataRow 后发生
RowChanging	在 DataRow 正在更改时发生
RowDeleted	在表中的行被删除后发生
RowDeleting	在表中的行被删除前发生
TableCleared	清除 DataTable 后发生
TableClearing	清除 DataTable 后发生
TableNewRow	插入新 DataRow 时发生

9.2.4　C#中的 StringBuilder 类

StringBuilder 类表示值为可变字符序列的类似字符串的对象。之所以说值是可变的，是因为在通过追加、移除、替换或插入字符而创建它后可以对它进行修改。大多数修改此类的实例的方法都返回对同一实例的引用。由于返回的是对实例的引用，因此可以调用该引用的方法或属性。如果想要编写将连续操作依次连接起来的单个语句，这将很方便。

StringBuilder 的容量是实例在任何给定时间可存储的最大字符数，并且大于或等于实例值的字符串表示形式的长度。容量可通过 Capacity 属性或 EnsureCapacity 方法来增加或减少，但它不能小于 Length 属性的值。如果在初始化 StringBuilder 的实例时没有指定容量或最大容量，则使用特定的默认值。

StringBuilder 控件的常用属性和方法见表 9-9 和表 9-10。

表 9-9 StringBuilder 控件的常用属性

属 性 名 称	说 明
Capacity	获取或设置可包含在当前实例所分配的内存中的最大字符数
Chars	获取或设置此实例中指定字符位置处的字符
Length	获取或设置当前 StringBuilder 对象的长度
MaxCapacity	获取此实例的最大容量

表 9-10 StringBuilder 控件的常用方法

方 法 名 称	说 明
Append	在此实例的结尾追加指定对象的字符串表示形式
AppendFormat	向此实例追加包含零个或更多格式规范的格式化字符串。每个格式规范由相应对象参数的字符串表示形式替换
AppendLine	将默认的行终止符（或指定字符串的副本和默认的行终止符）追加到此实例的末尾
CopyTo	将此实例的指定段中的字符复制到目标 Char 数组的指定段中
Equals	返回一个值，该值指示此实例是否与指定的对象相等
GetHashCode	用做特定类型的哈希函数。GetHashCode 适合在哈希算法和数据结构（如哈希表）中使用
GetType	获取当前实例的 Type
Insert	将指定对象的字符串表示形式插入到此实例中的指定字符位置
ReferenceEquals	确定指定的 Object 实例是否是相同的实例
Remove	将指定范围的字符从此实例中移除
Replace	将此实例中所有的指定字符或字符串替换为其他的指定字符或字符串
ToString	将 StringBuilder 的值转换为 String

下面的代码示例演示了如何调用由 StringBuilder 类定义的多个方法：

```
using System;
using System.Text;
public sealed class App
{
    static void Main（）
    {
        // Create a StringBuilder that expects to hold 50 characters.
        // Initialize the StringBuilder with "ABC".
        StringBuilder sb = new StringBuilder（"ABC", 50）;
```

```
        // Append three characters （D, E, and F） to the end of the StringBuilder.
        sb.Append（new char[] { 'D', 'E', 'F' }）;
        // Append a format string to the end of the StringBuilder.
        sb.AppendFormat（"GHI{0}{1}", 'J', 'k'）;
        // Display the number of characters in the StringBuilder and its string.
        Console.WriteLine（"{0} chars: {1}", sb.Length, sb.ToString（））;
        // Insert a string at the beginning of the StringBuilder.
        sb.Insert（0, "Alphabet: "）;
        // Replace all lowercase k's with uppercase K's.
        sb.Replace（'k', 'K'）;
        // Display the number of characters in the StringBuilder and its string.
        Console.WriteLine（"{0} chars: {1}", sb.Length, sb.ToString（））;
    }
}
```

9.2.5　C#中的 List 类

List 类是 ArrayList 类的泛型等效类。该类使用大小可按需动态增加的数组实现 IList 泛型接口。List 类既使用相等比较器又使用排序比较器。List 不保证是排序的,在执行要求 List 已排序的操作(例如 BinarySearch)之前,用户必须对 List 进行排序。

List 类接受空引用(在 Visual Basic 中为 Nothing)作为引用类型的有效值并且允许有重复的元素。

性能注意事项如下:

List 类与 ArrayList 类比较,List 类在大多数情况下执行得更好并且是类型安全的。如果对 List 类的类型 T 使用引用类型,则两个类的行为是完全相同的。但是,如果对类型 T 使用值类型,则需要考虑实现和装箱问题。

如果对类型 T 使用值类型,则编译器将特别针对该值类型生成 List 类的实现。这意味着不必对 List 对象的列表元素进行装箱就可以使用该元素,并且在创建大约 500 个列表元素之后,不对列表元素装箱所节省的内存将大于生成该类实现所使用的内存。

List 类的常用属性和方法见表 9-11 和表 9-12。

表 9-11　List 类的常用属性

属 性 名 称	说　　明
Capacity	获取或设置该内部数据结构在不调整大小的情况下能够保存的元素总数
Count	获取 List 中实际包含的元素数
Item	获取或设置指定索引处的元素

表 9-12　List 类的常用方法

方 法 名 称	说　　明
InsertRange	将集合中的某个元素插入 List 的指定索引处
LastIndexOf	返回 List 或它的一部分中某个值的最后一个匹配项的从零开始的索引
ReferenceEquals	确定指定的 Object 实例是否是相同的实例
Remove	从 List 中移除特定对象的第一个匹配项

(续)

方法名称	说 明
RemoveAll	移除与指定的谓词所定义的条件相匹配的所有元素
RemoveAt	移除 List 的指定索引处的元素
RemoveRange	从 List 中移除一定范围的元素
Reverse	将 List 或它一部分中的元素的顺序反转
Sort	对 List 或它一部分中的元素进行排序
ToArray	将 List 的元素复制到新数组中

下面的代码示例演示了 List 泛型类的几个属性和方法。该代码示例使用默认构造函数创建一个容量为 0 的字符串列表。随后显示 Capacity 属性，然后使用 Add 方法添加若干个项。添加的项被列出，Capacity 属性会同 Count 属性一起再次显示，指示已根据需要增加了容量。该示例使用 Contains 方法测试该列表中是否存在某个项，使用 Insert 方法在列表的中间插入一个新项，然后再次显示列表的内容。

```
using System;
using System.Collections.Generic;
public class Example
{
    public static void Main（）
    {
        List<string> dinosaurs = new List<string>（）;
        Console.WriteLine（"\nCapacity: {0}", dinosaurs.Capacity）;
        dinosaurs.Add（"Tyrannosaurus"）;
        dinosaurs.Add（"Amargasaurus"）;
        dinosaurs.Add（"Mamenchisaurus"）;
        dinosaurs.Add（"Deinonychus"）;
        dinosaurs.Add（"Compsognathus"）;
        Console.WriteLine（）;
        foreach（string dinosaur in dinosaurs）
        {
            Console.WriteLine（dinosaur）;
        }
        Console.WriteLine（"\nCapacity: {0}", dinosaurs.Capacity）;
        Console.WriteLine（"Count: {0}", dinosaurs.Count）;
        Console.WriteLine（"\nContains（\"Deinonychus\"）: {0}",
            dinosaurs.Contains（"Deinonychus"））;
        Console.WriteLine（"\nInsert（2, \"Compsognathus\"）"）;
        dinosaurs.Insert（2, "Compsognathus"）;
        Console.WriteLine（）;
        foreach（string dinosaur in dinosaurs）
        {
            Console.WriteLine（dinosaur）;
        }
        Console.WriteLine（"\ndinosaurs[3]: {0}", dinosaurs[3]）;
        Console.WriteLine（"\nRemove（\"Compsognathus\"）"）;
        dinosaurs.Remove（"Compsognathus"）;
        Console.WriteLine（）;
        foreach（string dinosaur in dinosaurs
```

```
        {
            Console.WriteLine（dinosaur）;
        }
        dinosaurs.TrimExcess（）;
        Console.WriteLine（"\nTrimExcess（）"）;
        Console.WriteLine（"Capacity: {0}", dinosaurs.Capacity）;
        Console.WriteLine（"Count: {0}", dinosaurs.Count）;
        dinosaurs.Clear（）;
        Console.WriteLine（"\nClear（）"）;
        Console.WriteLine（"Capacity: {0}", dinosaurs.Capacity）;
        Console.WriteLine（"Count: {0}", dinosaurs.Count）;
    }
}
```

9.2.6　HF RFID 常用指令

UHF RFID 常用指令集见表 9-13。

表 9-13　UHF RFID 常用指令集

功　能	控制命令示例	反　馈　信　息
查询读写器状态	0108000304FF0000	0108000304FF0000TRF7960 EVM
设置读写器为读取	15693 协议：01 0C 00 03 04 10 00 21 01 00 00 00 14443A 协议：01 0c 00 03 04 10 00 21 01 09 00 00 14443B 协议：01 0C 00 03 04 10 00 21 01 0C 00 00 Delica 协议：01 0C 00 03 04 10 00 21 01 13 00 00 Felica：01 0C 00 03 04 10 00 21 01 1B 00 00 EPC 协议：01 0C 00 03 04 10 00 21 01 14 00 00	Register write request
Inventory 命令（获得标签 ID 信息）	010B0003041424010000000	ISO 15693 Inventory request. [2F30D71E000007E0,7F]

9.2.7　UHF RFID 常用指令

UHF RFID 常用指令集见表 9-14。

表 9-14　UHF RFID 常用指令集

功　能	控制命令示例
询问状态	AA 02 00 55
读取功率设置	AA 02 01 55
设置功率	AA 04 02 01 1A 55
读取频率设置	AA 02 05 55
设置频率	AA 09 06 00 01 73 05 0F 02 00 55
读取 RMU 信息	AA 02 07 55
识别标签（单标签识别）	AA 02 10 55
识别标签（防碰撞识别）	AA 03 11 03 55
停止操作	AA 02 12 55

第 9 章　RFID 技术

（续）

功　能	控制命令示例
读取标签数据	AA 0C 13 00 00 00 00 01 01 01 08 00 00 01 55
写入标签数据	AA 0F 14 00 00 00 00 01 01 01 10 00 08 00 00 01 55
擦除标签数据	AA 0D 15 00 00 00 00 11 01 01 08 00 00 01 55
锁定标签	AA 0D 16 00 00 00 00 00 10 04 08 00 00 01 55
销毁标签	AA 0A 17 00 00 00 00 08 00 00 01 55
识别标签（单步识别）	AA 02 18 55
韦根识别	AA 02 19 55
读取标签数据（不指定 UII）	AA 09 20 00 00 00 00 01 01 01 55
写入标签数据（不指定 UII）	AA 0B 21 00 00 00 00 01 01 01 10 00 55

9.3　HF RFID 技术开发

9.3.1　引导任务

以下是开发实现高频 RFID 读取程序实例。通过开发基于串口的高频 RFID 程序，了解高频 RFID 的开发与应用原理。主要功能包括：

（1）设计高频 RFID 读取程序界面。
（2）连接高频读写器设备（HF 读写器），完成设备连接。
（3）编写串口通信程序，实现 PC 机与 HF 读写器设备的通信。
（4）通过串口通信向 UHF 读写器发送指令，操作读写器实现高频 RFID 的读取功能。
（5）通过串口通信，获取高频 RFID 标签的读取与解析。

9.3.2　开发环境

系统要求：Windows 7/XP。
开发工具：Visual Studio 2010。
开发语言：C#。
硬件设备：基于串口的高频 RIFD 读写器（波特率为 57600）、高频电子标签。

9.3.3　程序界面设计

（1）新建窗体 Form。将 Windows Form 命名为"Frm_HF"，作为程序设计中各控件载体。
（2）添加 1 个 DataGridView 控件，命名为"dgv_HF_data"，用以填充显示采集到的高频 RFID 编码。
（3）添加 1 个 Button 控件，命名为"btn_open_port"，用于连接高频 RFID 设备串口。
（4）添加 1 个 Button 控件，命名为"btn_Read"，点击开始读取高频 RFID 标签。
（5）添加 2 个 CheckBox 控件，分别将控件命名为"ckb15693"、"ckb14443a"、"ckb14443b"，用于标示识别的高频 RFID 标签的协议。
高频 RFID 程序界面设计如图 9-1 所示。

物联网技术应用开发

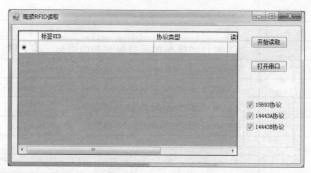

图 9-1 高频 RFID 程序界面设计示例图

9.3.4 程序代码设计

1. 引用命名空间

System.IO.Ports 命名空间包含了控制串口重要的 SerialPort 类，该类提供了同步 I/O 和事件驱动的 I/O、对管脚和中断状态的访问以及对串行驱动程序属性的访问，所以在程序代码起始位置需加入 Using System.IO.Ports。代码如下所示：

```
using System;
using System.Collections.Generic;
using System.ComponentModel;
using System.Data;
using System.Drawing;
using System.Linq;
using System.Text;
using System.Windows.Forms;
using System.IO.Ports;
```

2. 定义高频 RFID 设备操作指令集

在程序中定义操作高频 RFID 读写器设备的相关指令，调用时直接调用相关指令，并将指令发送至高频 RFID 外接设备，从而操作设备完成相应的读写器操作。部分指令集如下所示：

```
#region 操作 HF 读写器指令
        public static string 查询读写器状态 = "0108000304FF0000";
        public static string 设置 15693 协议 = "010C000304100021010000000";
        public static string 设置 14443A 协议 = "010c000304100021010090000";
        public static string 设置 14443B 协议 = "010C0003041000210100C0000";
        public static string 设置 TAGIT 协议 = "010C000304100021011300000";
        public static string 读取 15693 协议标签 = "010B000304142401000000";
        public static string 读取 14443A 协议标签 = "0109000304A0010000";
        public static string 读取 14443B 协议标签 = "0109000304B0040000";
        public static string 读取 TAGIT 协议标签 = "010B000304340050000000";
#endregion
```

3. 定义串口及其他相关控件

在程序中定义串口、Timer 控件、DataTable 并注册委托（注：相关控件可以直接从控件集拖拽到窗体中，并设置相应属性）。代码示例如下：

```
SerialPort port = new SerialPort();//定义串口
```

```
Timer time_tick = new Timer（）;//定义 Timer 事件，定时读取标签
DataTable datatable = null;//定义 DataTable，暂时存储获取的标签数据
public delegate void deleControlInvoke（object o）;//委托
StringBuilder buffer = new StringBuilder（）;
```

4．程序初始化

首先通过代码实现 PC 端与读写器的通信，初始化窗体时定义串口相应的属性、Timer 相应属性以及 DataTable 需要的列属性。参考代码如下所示：

```
public Frm_HF（）
{
    InitializeComponent（）;
    port = new SerialPort（"com5", 115200, Parity.None, 8, StopBits.One）;//定义串口参数，注意：串口名称由实际情况而定
    this.port.DataReceived += new SerialDataReceivedEventHandler（comport_DataReceived）;//注册数据接收事件
    this.time_tick.Interval = 1000;//设置 timer 参数
    this.time_tick.Tick += new EventHandler（_timer_Tick）;//注册 timer_tick 事件
    datatable = new DataTable（）;//新建 DataTable 类,存储获取的标签信息
    datatable.Columns.Add（"标签 UID", typeof（string））;
    datatable.Columns.Add（"协议类型", typeof（string））;
    datatable.Columns.Add（"读取次数", typeof（int））;
    datatable.Columns.Add（"读取时间", typeof（string））;
    this.Shown += new EventHandler（frmHFRead_Shown）; //窗体展示时更新数据
}
```

5．定义程序事件及方法

（1）comport_DataReceived 事件。

定义数据接收事件，程序接收到串口传输的数据时触发相应事件，完成指定的操作。代码示例如下：

```
void comport_DataReceived（object sender, SerialDataReceivedEventArgs e）
{
    try
    {
        string temp = port.ReadExisting（）;
        buffer.Append（temp）;
        //解析返回的数据
        //首先确定已经接收到的数据中含有指示命令和标签 UID
        string currentData = buffer.ToString（）;
        int iTagit = -1;
        int i1443a = -1;
        int i1443b = -1;
        int i15693 = -1;
        int iPro = -1;
        string strPro = string.Empty;
        iTagit = currentData.IndexOf（读取 TAGIT 协议标签）;
        if （iTagit >= 0）
        {
            iPro = iTagit;
            strPro = "TAGIT 协议";
```

```
                    goto Found;
                }
                i1443a = currentData.IndexOf（读取 14443A 协议标签）;
                if （i1443a >= 0）
                {
                    iPro = i1443a;
                    strPro = "14443A 协议";
                    goto Found;
                }
                i1443b = currentData.IndexOf（读取 14443B 协议标签）;
                if （i1443b >= 0）
                {
                    iPro = i1443b;
                    strPro = "14443B 协议";
                    goto Found;
                }
                i15693 = currentData.IndexOf（读取 15693 协议标签）;
                if （i15693 >= 0）
                {
                    iPro = i15693;
                    strPro = "15693 协议";
                    goto Found;
                }
            Found: if （iPro > -1）
                {
                    int iright = -1;
                    iright = currentData.IndexOf（"]", iPro）;//先检测右边括号，没有右边的话说
明数据不完整
                    if （(iright > -1) && iright > iPro）// ] 必须在协议的后面，否则就说明这不
是同一个数据段
                    {
                        int ileft = -1;
                        ileft = currentData.IndexOf（"[", iPro）;
                        if （ileft != -1 && ileft < iright）
                        {
                            string tagID = string.Empty;
                            tagID = currentData.Substring（ileft + 1, iright - ileft - 1）;
                            if （tagID.Length > 0）
                            {
                                if （tagID != null && tagID.Length > 0）
                                {
                                    if （tagID.IndexOf（","）!= 0）
                                    {
                                        this.Invoke（new deleControlInvoke
（receiveNewTagInfo）, new HFTagInfo（strPro, tagID））; //接收到新数据后，转到 receiveNewTagInfo 方法
                                    }
                                }
                            }
                        }
                        buffer.Remove（0, iright + 1）;
                    }
```

                    }
                }
            }
            catch（System.Exception ex）
            {
MessageBox.Show（ex.ToString（））;
            }
（2）receiveNewTagInfo（）方法。

当程序接收到新数据后，在 comport_DataReceived（）方法中跳转至 receiveNewTagInfo 方法进行数据操作。代码示例如下：

```
        void receiveNewTagInfo（object o）
        {
            HFTagInfo info = （HFTagInfo）o;
            this.refreshTable（info.标签 ID, info.协议类型）;
        }
```

同时定义 HFTagInfo 类，用以存储高频 RFID 标签中的数据。代码示例如下：

```
public class HFTagInfo//定义标签信息
    {
        public string  协议类型 = string.Empty;
        public string  标签 ID = string.Empty;
        public HFTagInfo（string pro, string tag）
        {
            this.标签 ID = tag;
            this.协议类型 = pro;
        }
    }
```

（3）refreshTable（）方法。

RefreshTable 方法用于更新 DataGridview 中的数据。代码示例如下：

```
void refreshTable（string id, string proto）
        {
            if （id != string.Empty）
            {
                DataRow[] rows = datatable.Select（"标签 UID = '" + id + "'"）;
                if （rows.Length > 0）
                {
                    DataRow dr = rows[0];
                    int count = （int）dr["读取次数"];
                    count++;
                    DataRow drNew = this.datatable.NewRow（）;
                    drNew["标签 UID"] = dr["标签 UID"];
                    drNew["协议类型"] = dr["协议类型"];
                    drNew["读取次数"] = count;
                    drNew["读取时间"] = DateTime.Now.ToString（"HH:mm:ss"）;
                    datatable.Rows.Remove（dr）;//将新更改的行置顶
                    datatable.Rows.InsertAt（drNew, 0）;
                }
```

```
                else
                {
                    DataRow dr = this.datatable.NewRow();
                    dr["标签 UID"] = id;
                    dr["协议类型"] = proto;
                    dr["读取次数"] = 1;
                    dr["读取时间"] = DateTime.Now.ToString("HH:mm:ss");
                    this.datatable.Rows.InsertAt(dr, 0);
                }
            }
            this.dgv_HF_data.DataSource = datatable;
            DataGridViewColumnCollection columns = this.dgv_HF_data.Columns;
            columns[0].Width = 240;
            columns[1].Width = 150;
            columns[2].Width = 100;
            columns[3].Width = 120;
        }
```

（4）_timer_Tick 事件。

通过定义_timer_Tick 事件来实现高频 RFID 标签的连续读取，连续向高频 RFID 外界设备发送读取指令，当有数据返回时便可触发数据接收事件。代码示例如下：

```
        int currentProto = 1;
        void _timer_Tick(object sender, EventArgs e)
        {
            string str2Write = string.Empty;
            switch (currentProto)
            {
                case 1://tagit
                    if (this.ckbTagit.Checked)
                    {
                        str2Write = 读取 TAGIT 协议标签;
                    }
                    break;
                case 2://
                    if (this.ckb15693.Checked)
                    {
                        str2Write = 读取 15693 协议标签;
                    }
                    break;
                case 3://
                    if (this.ckb14443a.Checked)
                    {
                        str2Write = 读取 14443A 协议标签;
                    }
                    break;
                case 4://
                    if (this.ckb14443b.Checked)
                    {
                        str2Write = 读取 14443B 协议标签;
                    }
```

第 9 章 RFID 技术

```
                    break;
        }
        if (currentProto == 4)
        {
            currentProto = 1;
        }
        else
        {
            currentProto++;
        }
        try
        {
            //转换列表为数组后发送
            //comport.Write（bytesCommandToWrite, 0, bytesCommandToWrite.Length）;
            this.port.Write（str2Write）;//发送指令
        }
        catch （System.Exception ex）
        {
            MessageBox.Show（ex.ToString（））;
        }
    }
```

（5）操作串口。

点击 btn_open_port 按钮触发 btn_open_port_Click 事件，并操作串口。代码示例如下：

```
private void btn_open_port_Click（object sender, EventArgs e）
        {
            if (btn_open_port.Text == "打开串口")
            {
                if （port.IsOpen == true）
                {
                    MessageBox.Show（"串口已打开！ "）;
                    btn_open_port.Text = "关闭串口";
                }
                else
                {
                    try
                    {
                        port.Open（）;
                        btn_open_port.Text = "关闭串口";
                    }
                    catch （Exception ee）  { MessageBox.Show（ee.ToString（））; }
                }
            }
            else
            {
                try
                {
time_tick.Enabled = false;
                    port.Close（）;
                    btn_open_port.Text = "打开串口";
btn_Read.Text = "开始读取";
```

```
            }
            catch（Exception ex）
            {
                MessageBox.Show（ex.ToString（））;
            }
        }
```

(6) 操作 Timer 控件，开始读取标签。

点击 btn_Read 按钮触发 btn_Read_Click 事件，从而激活 Timer 控件，开始标签的读取。代码示例如下：

```
        private void btn_Read_Click（object sender, EventArgs e）
        {
            if （btn_Read.Text == "开始读取"）
            {
                if （port.IsOpen == false）
                {
                    MessageBox.Show（"串口未打开！"）;
                }
                else
                {
                    time_tick.Enabled = true;
                    btn_Read.Text = "停止读取";
                }
            }
            else
            {
                time_tick.Enabled = false;
                btn_Read.Text = "开始读取";
            }
        }
```

(7) 运行程序。

程序设计、开发调试完成后，点击工具栏中的"启动"按钮（或者按下快捷键 F5）运行程序。高频 RFID 程序界面如图 9-2 所示。

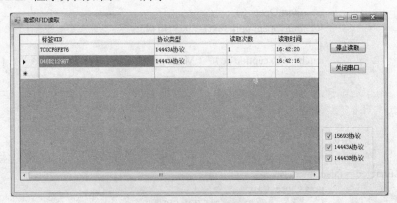

图 9-2　高频 RFID 程序界面

9.4 UHF RFID 技术开发

9.4.1 引导任务

以下是开发实现超高频 RFID 读写程序实例。通过开发基于串口的超高频 RFID 程序，了解超高频 RFID 的开发与应用原理。主要功能包括：

（1）设计超高频 RFID 读写程序界面。
（2）连接超高频读写器设备（UHF 读写器），完成设备连接。
（3）编写串口通信程序，实现 PC 机与 UHF 读写器设备的通信。
（4）通过串口通信向 UHF 读写器发送指令，操作读写器实现超高频 RFID 的读取功能。

9.4.2 开发环境

系统要求：Windows 7/XP。
开发工具：Visual Studio 2010。
开发语言：C#。
硬件设备：基于串口的超高频 RIFD 读写器（波特率为 57600）、超高频电子标签。

9.4.3 程序界面设计

（1）新建窗体 Form。将 Windows Form 命名为"Frm_UHF"，作为程序设计中各控件载体。
（2）添加一个 groupBox 控件，命名为 group，作为程序各控件的容器。
（3）添加一个 Textbox 控件，将控件命名为"txt_Code"，用于接收显示 RFID 标签中的 EPC 编码。
（4）添加一个 Textbox 控件，将控件命名为"txt_Write"，用于输入新 EPC 编码，写入 RFID 标签。
（5）添加一个 ComboBox 控件，将控件命名为"cmbPortname"，用于获取串口名称。
（6）添加一个 Label 控件，输入文字"串口："，标示串口选择。
（7）添加 5 个 Button 控件，分别命名为"btn_Clear"、"btn_Read"、"btn_stop"、"btn_Write"和"btn_link"，分别用于清空文本框数据、读取 RFID 标签、停止读取、写入 RFID 标签和连接串口的功能。

超高频 RFID 程序界面设计示例图，如图 9-3 所示。

图 9-3　超高频 RFID 程序界面设计示例图

超高频 RFID 程序窗体、控件对象的主要属性设置见表 9-15。

表 9-15 超高频 RFID 程序窗体、控件对象的主要属性设置

控件类型	主要属性	功 能
Form	（Name）= Frm_UHF	窗体控件
	Text= UHF RFID	窗体标题栏显示的程序名称
groupBox	（Name）= group	组容器
	Text= 超高频 RFID	作为各类控件容器
Label	（Name）= Label1	标签控件
	Text= 串口	串口名称
ComboBox	（Name）= cmbPortname	下拉文本框控件
	Text=""	获取串口名称
TextBox	（Name）= txt_Code	显示超高频 RFID 标签数据
TextBox	（Name）= txt_Write	用于输入 EPC 编码
Button	（Name）= btn_link	按钮控件
	Text=连接	用以连接串口
	button_Click 事件	点击按钮触发事件
Button	（Name）= btn_Clear	按钮控件
	Text=清空	用以清空文本框内容
	button_Click 事件	点击按钮触发事件
Button	（Name）= btn_Read	按钮控件
	Text=开始读取	点击开始读取标签
	button_Click 事件	点击按钮触发事件
Button	（Name）= btn_stop	按钮控件
	Text=停止	点击停止读取标签
	button_Click 事件	点击按钮触发事件
Button	（Name）= btn_Write	按钮控件
	Text=写入	写入 RFID 标签信息
	button_Click 事件	点击按钮触发事件

9.4.4 程序代码设计

1. 引用命名空间

System.IO.Ports 命名空间包含了控制串口重要的 SerialPort 类，该类提供了同步 I/O 和事件驱动的 I/O、对管脚和中断状态的访问以及对串行驱动程序属性的访问，所以在程序代码起始位置需加入 Using System.IO.Ports。代码如下所示：

```
using System;
using System.Collections.Generic;
using System.ComponentModel;
using System.Data;
using System.Drawing;
using System.Linq;
using System.Text;
```

第 9 章　RFID 技术

```
using System.Windows.Forms;
using System.IO.Ports;
```

2．串口初始化

首先通过代码实现 PC 端与读写器的通信，初始化窗体时定义串口相应的属性。代码如下所示：

```
SerialPort comport1; //定义一个 SerialPort 实例
    List<byte> maxbuf = new List<byte>(); //创建列表，存储读取到的标签数据
    public Frm_UHF()
    {
        InitializeComponent();
        comport1 = new SerialPort("com4", 57600, Parity.None, 8, StopBits.One); //定义串口属性
        comport1.DataReceived += new SerialDataReceivedEventHandler(comport_DataReceived);
//注册 DataReceived 事件
    }
```

3．连接串口，测试读写器状态

串口初始化后，尝试通过串口连接外设，点击"连接"按钮，由 button_Click 事件触发连接串口。代码如下所示：

```
private void btn_link_Click(object sender, EventArgs e)
    {
        if (btn_link.Text == "连接")
        {
            if (comport1.IsOpen) comport1.Close(); //若串口已断开，关闭串口
            try
            {
                comport1.Open(); //打开串口
                SendCommandToRmu900("aa020055"); //查询状态
                btn_link.Text = "断开";
            }
            catch (Exception ee)
            {
                MessageBox.Show(ee.ToString());
            }
        }
        else
        {
            try
            {
                SendCommandToRmu900("aa021255"); //读写器停止读取
                comport1.Close(); //关闭串口
                btn_link.Text = "连接";
            }
            catch { }
        }
    }
```

点击"连接"按钮时，若读写器发出"滴"的一声蜂鸣，表明读写器状态良好，可以读取数据。

4. 通过串口发送读取指令

通过串口向超高频 RFID 读写器发送读取指令，操作读写器开始标签的读取，从而实现标签识别。点击"开始读取"按钮，由 btn_Read_Click 事件触发标签的读取。代码如下所示：

```
private void btn_Read_Click（object sender, EventArgs e）
{
    if （btn_Read.Text == "开始读取"）
    {
        SendCommandToRmu900（"aa03110355"）;//发送读取指令
        btn_Read.Text = "停止读取";
    }
    else
    {
        SendCommandToRmu900（"aa021255"）;//发送停止读取指令
        btn_Read.Text = "开始读取";
    }
}
```

指令发送成功后，读写器开始工作，若读到超高频 RFID 标签，读写器将发出"滴"的蜂鸣声。

5. 读写器操作指令解析方法

通过串口通信发送的操作读写器指令需要通过解析方法转化为相应的口令，发送至读写器进行读写器的操作。代码如下所示：

```
private void SendCommandToRmu900（string str0）
{
    string str1, str2;
    str1 = "";
    for  （int i = 2; i < str0.Length - 2; i += 2）
    {
        str2 = str0.Substring（i, 2）;
        if  （str2 == "FF" || str2 == "AA" || str2 == "55"）
            str2 = "FF" + str2;
        str1 += str2;
    }
    str0 = "AA" + str1 + "55";
    MatchCollection mc = Regex.Matches（str0, @"（?i）[\da-f]{2}"）;
    List<byte> buf = new List<byte>（）;//填充到这个临时列表中
    //依次添加到列表中
    foreach  （Match m in mc）
    {
        buf.Add（Byte.Parse（m.ToString（）, System.Globalization.NumberStyles.HexNumber））;
    }
    //转换列表为数组后发送
    if （comport1.IsOpen）
        comport1.Write（buf.ToArray（）, 0, buf.Count）;
}
```

第 9 章　RFID 技术

6. 返回标签数据解析

读写器读取到数据后，通过串口通信返回数据，触发 DataReceived 事件；通过获取接收到的数据，并对数据进行解析，获取相应的 RFID 标签所存储的数据信息。代码示例如下：

```
private void comport_DataReceived（object sender, SerialDataReceivedEventArgs e）
    {
            this.Invoke（new EventHandler（HandleSerialData））;//触发事件处理
    }
private void HandleSerialData（object s, EventArgs e）
    {
            try
            {
                int n = comport1.BytesToRead;//n 为返回的字节数
                byte[] buf = new byte[n];//初始化 buf 长度为 n
                comport1.Read（buf, 0, n）;//读取返回数据并赋值到数组
                maxbuf.AddRange（buf）;//将 buf 数组添加到 maxbuf
                while （maxbuf.Count >= 19 && maxbuf[maxbuf.Count - 1] == 85）
                {
                    if （maxbuf[1] != 17）//获得串不是返回的标签数据,数据修正
                    {
                        maxbuf.RemoveRange（0, maxbuf[1] + 2）;
                    }
                    if （maxbuf[2] == 17 && maxbuf.Count > 3）
                    {
                        byte[] binary_data_1 = new byte[maxbuf[1] + 2];
                        maxbuf.CopyTo（0, binary_data_1, 0, maxbuf[1] + 2）;
                        StringBuilder str0 = new StringBuilder（）;
                        foreach （byte b in binary_data_1）
                        {
                            str0.Append（b.ToString（"X2"））;
                        }
                        string id = str0.ToString（）.Substring（8,（maxbuf[1] - 3）*2）;
                        Code.Text = id;
                        maxbuf.RemoveRange（0, maxbuf[1] + 2）;
                    }
                    if（maxbuf.Count >= 10 && maxbuf[2] == 32 && maxbuf[maxbuf.Count - 1] == 85）//读取数据解析
                    {
                        byte[] binary_data_1 = new byte[maxbuf[1] + 2];
                        maxbuf.CopyTo（0, binary_data_1, 0, maxbuf[1] + 2）;
                        StringBuilder str0 = new StringBuilder（）;
                        foreach （byte b in binary_data_1）
                        {
                            str0.Append（b.ToString（"X2"））;
                        }
                    }
                }
            }
```

            catch { }
    }
通过对返回数据的解析，在文本框 Code 中显示标签数据。

7. 运行程序

程序设计、开发调试完成后，点击工具栏中的"启动"按钮（或者按下快捷键 F5）运行程序。超高频 RFID 程序界面如图 9-4 所示。

图 9-4　超高频 RFID 程序界面

第 10 章
GPS 技术

10.1 GPS 技术概述

广义的 GPS 包括美国 GPS、欧洲伽利略、俄罗斯 GLONASS、中国北斗等全球卫星定位系统，也称 GNSS。狭义的 GPS，即指美国的全球定位系统 Global Positioning System，简称 GPS。简单地说，GPS 是一个由覆盖全球的 24 颗卫星组成的卫星系统。这个系统可以保证在任意时刻，地球上任意一点都可以同时观测到 4 颗卫星，以保证卫星可以采集到该观测点的经纬度和高度，以便实现导航、定位、授时等功能。这项技术可以用来引导飞机、船舶、车辆以及个人，安全、准确地沿着选定的路线准时到达目的地。

10.1.1 GPS 构成

GPS 由三部分组成：空间部分——GPS 星座；地面控制部分——地面监控系统；用户设备部分——GPS 信号接收机。

（1）空间部分：在太空中有 24 颗卫星组成一个分布网络，分别分布在 6 条离地面 20000km、倾斜角为 55°的地球准同步轨道上，每条轨道上有 4 颗卫星。此外，还有 4 颗有源备份卫星在轨运行。GPS 卫星每隔 12 小时绕地球一周，使地球上任一地点能够观测到 4 颗以上的卫星，并能保持良好定位解算精度的几何图像。GPS 卫星产生两组电码，一组称为 C/A 码，一组称为 P 码。P 码因频率较高，不易受干扰，定位精度高，因此受美国军方管制，并设有密码，一般民间无法解读，主要为美国军方服务。C/A 码被人为采取措施而刻意降低精度，主要开放给民间使用。

（2）地面控制部分：地面控制部分由一个主控站、5 个全球监测站和 3 个地面控制站组成。监测站均配装有精密的铯钟和能够连续测量到所有可见卫星的接收机。监测站将取得的卫星观测数据，包括电离层和气象数据，经过初步处理后传送到主控站。主控站从各监测站收集跟踪数据，计算出卫星的轨道和时钟参数，然后将结果送到 3 个地面控制站。地面控制站在每颗卫星运行至上空时，把这些导航数据及主控站指令注入卫星。这种注入对每颗 GPS 卫星每天进行一次，并在卫星离开注入作用范围之前进行最后的注入。如果某地面站发生故障，那么在卫星中预存的导航信息还可用一段时间，但导航精度会逐渐降低。

（3）用户设备部分：用户设备部分即 GPS 信号接收机，其主要功能是能够捕获到按一定卫星截止角所选择的待测卫星，并跟踪这些卫星的运行。当接收机捕获到跟踪的卫星信号后，即可测量出接收天线至卫星的伪距离和距离的变化率，解调出卫星轨道参数等数据。根据这些数据，接收机中的微处理计算机就可按定位解算方法进行定位计算，计算出用户所在地理位置的经纬度、高度、速度、时间等信息。GPS 信号接收机的结构分为天线单元和接收单元两部分。接收机一般采用机内和机外两种直流电源。设置机内电源的目的在于更换外电源时不中断连续观测。在用机外电源时机内电池自动充电。关机后，机内电池为 RAM 存储器供电，以防止数据丢失。

10.1.2 GPS 原理

GPS 的定位原理实际上就是测量学的空间测距定位。其特点是利用平均 20200km 高空均匀分布在 6 个轨道上的 24 颗卫星，发射测距信号 C/A 码及 L1、L2 载波，用户通过接收机接收这些信号测量卫星至接收机之间的距离。由于卫星的瞬时坐标是已知的，利用三维坐标中的距离公式，3 颗卫星就可以组成 3 个方程式，解出观测点的位置（X，Y，Z）。考虑到卫星的时钟与接收机时钟之间的误差，实际上有 4 个未知数——X、Y、Z 和钟差，因而需要引入第 4 颗卫星，形成 4 个方程式进行求解，从而得到观测点的经纬度和高程（一般地形条件下可见 4~12 颗卫星）。

待测点坐标计算公式：

$$[(x_1-x)^2+(y_1-y)^2+(z_1-z)^2]^{1/2}+c\ (x_{t_1}-v_{t_0})^2=d_1$$

$$[(x_2-x)^2+(y_2-y)^2+(z_2-z)^2]^{1/2}+c\ (x_{t_2}-v_{t_0})^2=d_2$$

$$[(x_3-x)^2+(y_3-y)^2+(z_3-z)^2]^{1/2}+c\ (x_{t_3}-v_{t_0})^2=d_3$$

$$[(x_4-x)^2+(y_4-y)^2+(z_4-z)^2]^{1/2}+c\ (x_{t_4}-v_{t_0})^2=d_4$$

上述 4 个方程式中待测点坐标 x，y，z 和 V_{t_0} 为未知参数，x，y，z 为待测点坐标的空间直角坐标。x_i，y_i，z_i（i=1，2，3，4）分别为卫星 1、卫星 2、卫星 3、卫星 4 在 t 时刻的空间直角坐标，可由卫星导航电文求得，V_{t_0} 为接收机的钟差。其中 $d_i=V_{t_i}$（i=1，2，3，4）。d_i（i=1，2，3，4）分别为卫星 1、卫星 2、卫星 3、卫星 4 到接收机之间的距离。V_{t_i}（i=1，2，3，4）分别为卫星 1、卫星 2、卫星 3、卫星 4 的信号到达接收机所经历的时间（卫星钟的钟差），c 为 GPS 信号的传播速度（即光速），最后求解方程，得（x，y，z，V_{t_0}）。GPS 定位分伪距测量和载波相位测量两种。

10.2 知识储备

10.2.1 GPS 数据格式

1. GPS 固定数据输出语句（$GPGGA）

这是一帧 GPS 定位的主要数据，也是使用最广的数据。$GPGGA 语句包括 17 个字段：语句标识头、世界时间、纬度、纬度半球、经度、经度半球、定位质量指示、使用卫星数量、水平精确度、海拔高度、高度单位、大地水准面高度、高度单位、差分 GPS 数据期限、差分参考基站标号、校验、结束标记（回车符<CR>和换行符<LF>），分别用 14 个逗号进行分隔。该数据帧的标准结构及各字段释义如下：

第 10 章 GPS 技术

$GPGGA，<1>，<2>，<3>，<4>，<5>，<6>，<7>，<8>，<9>，M，<10>，M，<11>，<12>*xx<CR><LF>

$GPGGA：起始引导符及语句格式说明（本句为 GPS 定位数据）。
<1>：UTC 时间，格式为 hhmmss.sss。
<2>：纬度，格式为 ddmm.mmmm（第一位是零也将被传送）。
<3>：纬度半球，N 或 S（北纬或南纬）。
<4>：经度，格式为 dddmm.mmmm（第一位是零也将被传送）。
<5>：经度半球，E 或 W（东经或西经）。
<6>：定位质量指示，0=定位无效，1=定位有效。
<7>：使用卫星数量，从 00 到 12（第一位是零也将被传送）。
<8>：水平精确度，0.5～99.9m。
<9>：天线离海平面的高度，-9999.9～9999.9m。
<10>：大地水准面高度，-9999.9～9999.9 m。
<11>：差分 GPS 数据期限（RTCM SC-104），最后设立 RTCM 传送的秒数量。
<12>：差分参考基站标号，从 0000 到 1023（第一位是零也将被传送）。

2．可视卫星状态输出语句（$GPGSV）

标准结构及各字段释义如下：
$GPGSV，<1>，<2>，<3>，<4>，<5>，<6>，<7>，…<4>，<5>，<6>，<7>*hh<CR><LF>
<1>：总的 GSV 语句电文数。
<2>：当前 GSV 语句号。
<3>：可视卫星总数。
<4>：卫星号。
<5>：仰角（00°～90°）。
<6>：方位角（000°～359°）。
注：每条语句最多包括四颗卫星的信息，每颗卫星的信息有四个数据项，即：
<4>——卫星号，<5>——仰角，<6>——方位角，<7>——信噪比。

3．当前卫星信息（$GSA）

标准结构及各字段释义如下：$GPGSA，<1>，<2>，<3>，<3>，，，，，<3>，<3>，<3>，<4>，<5>，<6>，<7>
<1>：模式，M=手动，A=自动。
<2>：定位型式，1=未定位，2=二维定位，3=三维定位。
<3>：PRN 数字，01～32 表示天空使用中的卫星编号，最多可接收 12 颗卫星信息。
<4>：PDOP 位置精度因子（0.5～99.9）。
<5>：HDOP 水平精度因子（0.5～99.9）。
<6>：VDOP 垂直精度因子（0.5～99.9）。
<7>：Checksum.（检查位）。

4．推荐定位信息（RMC）

标准结构及各字段释义如下：$GPRMC，<1>，<2>，<3>，<4>，<5>，<6>，<7>，<8>，<9>，<10>，<11>，<12>*hh

<1>：UTC 时间，格式为 hhmmss。

<2>：定位状态，A=有效定位，V=无效定位。

<3>：纬度，格式为 ddmm.mmmm（第一位是零也将被传送）。

<4>：纬度，N（北半球）或 S（南半球）。

<5>：经度，格式为 dddmm.mmmm（第一位是零也将被传送）。

<6>：经度，E（东经）或 W（西经）。

<7>：地面速率（000.0～999.9 节，第一位是零也将被传送）。

<8>：地面航向（000.0°～359.9°，以真北为参考基准，第一位是零也将被传送）。

<9>：UTC 日期，格式为 ddmmyy。

<10>：磁偏角（000.0°～180.0°，第一位是零也将被传送）。

<11>：磁偏角方向，E（东）或 W（西）。

<12>：模式指示（仅 NMEA0183 3.00 版本输出，A=自主定位，D=差分，E=估算，N=数据无效）。

5．地面速度信息（VTG）

标准结构及各字段释义如下：$GPVTG,<1>,T,<2>,M,<3>,N,<4>,K,<5>*hh

<1>：以真北为参考基准的地面航向（000°～359°，第一位是零也将被传送）。

<2>：以磁北为参考基准的地面航向（000°～359°，第一位是零也将被传送）。

<3>：地面速率（000.0~999.9 节，第一位是零也将被传送）。

<4>：地面速率（0000.0~1851.8km/h，第一位是零也将被传送）。

<5>：模式指示（仅 NMEA0183 3.00 版本输出，A=自主定位，D=差分，E=估算，N=数据无效）。

10.2.2　C#中的 CultureInfo 类

CultureInfo 类提供有关特定区域性的信息（对于非托管代码开发，则称为"区域设置"）。这些信息包括区域性的名称、书写系统、使用的日历以及对日期和排序字符串的格式化设置。此类还提供对 DateTimeFormatInfo、NumberFormatInfo、CompareInfo 和 TextInfo 对象的区域性特定实例。这些对象包含区域性特定操作（如大小写、格式化日期和数字以及比较字符串）所需的信息。直接或间接使用 CultureInfo 格式分析或操作区域性特定数据，如 String、DateTime、DateTimeOffset 和数值类型。CultureInfo 类的常用属性和方法见表 10-1 和表 10-2。

表 10-1　CultureInfo 类的常用属性

属性名称	说　　明
Calendar	获取区域性使用的默认日历
CompareInfo	获取为区域性定义如何比较字符串的 CompareInfo
CultureTypes	获取属于当前 CultureInfo 对象的区域性类型
CurrentCulture	获取表示当前线程使用的区域性的 CultureInfo 对象
CurrentUICulture	获取表示资源管理器在运行时查找区域性特定资源所用的当前用户接口的 CultureInfo 对象
DateTimeFormat	获取或设置 DateTimeFormatInfo，它定义适合区域性的显示日期和时间的格式
DefaultThreadCurrentCulture	获取或设置当前应用程序域中线程的默认区域性
DefaultThreadCurrentUICulture	获取或设置当前应用程序域中线程的默认 UI 区域性

(续)

属性名称	说明
DisplayName	获取完整的本地化区域性名称
EnglishName	获取格式为 languagefull [country/regionfull]的英语区域性名称
IetfLanguageTag	不推荐使用。获取某种语言的 RFC 4646 标准标识
InstalledUICulture	获取表示操作系统中安装的区域性的 CultureInfo 对象
InvariantCulture	获取不依赖于区域性（固定）的 CultureInfo 对象
IsNeutralCulture	获取一个值，该值指示当前 CultureInfo 是否表示非特定区域性
IsReadOnly	获取一个值，该值指示当前 CultureInfo 是否为只读
KeyboardLayoutId	获取活动的输入法区域设置标识符
LCID	获取当前 CultureInfo 的区域性标识符
Name	获取格式为 languagecode2-country/regioncode2 的区域性名称
NativeName	获取为区域性设置的显示名称，它由语言、国家/地区以及可选的书写符号组成
OptionalCalendars	获取该区域性可使用的日历的列表
Parent	获取表示当前 CultureInfo 的父区域性的 CultureInfo
TextInfo	获取定义与区域性关联的书写体系的 TextInfo
ThreeLetterISOLanguageName	获取当前 CultureInfo 的语言由三个字母构成的 ISO 639-2 代码
ThreeLetterWindowsLanguageName	获取 WindowsAPI 中定义的由三个字母构成的语言代码
TwoLetterISOLanguageName	获取当前 CultureInfo 的语言由两个字母构成的 ISO 639-1 代码
UseUserOverride	获取一个值，该值指示当前 CultureInfo 是否使用用户选定的区域性设置

表 10-2 CultureInfo 类的常用方法

方法名称	说明
ClearCachedData	刷新缓存的区域性相关信息
Clone	创建当前 CultureInfo 的副本
CreateSpecificCulture	创建表示与指定名称关联的特定区域性的 CultureInfo
Equals	确定指定的对象是否与当前 CultureInfo 具有相同的区域性
Finalize	允许对象在"垃圾回收"回收之前尝试释放资源并执行其他清理操作
GetConsoleFallbackUICulture	如果默认的图形用户界面区域性不合适，则获取适合控制台应用程序的备用用户界面区域性
GetCultureInfo（Int32）	使用特定的区域性标识符检索某个区域性的缓存的只读实例
GetCultureInfo（String）	使用特定的区域性名称检索某个区域性的缓存的只读实例
GetCultureInfo（String, String）	检索某个区域性的缓存的只读实例。参数指定了一个使用 TextInfo 和 CompareInfo 对象进行初始化的区域性，而这些对象则是由另一个区域性指定的
GetCultureInfoByIetfLanguageTag	不推荐使用。检索只读的 CultureInfo 对象，其语言特征由指定的 RFC 4646 语言标记标识
GetCultures	获取由指定 CultureTypes 参数筛选的支持的区域性列表
GetFormat	获取一个定义如何格式化指定类型的对象
GetHashCode	用做当前 CultureInfo 的哈希函数，适合用在哈希算法和数据结构（如哈希表）中
GetType	获取当前实例的 Type
MemberwiseClone	创建当前 Object 的浅表副本
ReadOnly	返回指定的 CultureInfo 的只读包装
ToString	返回一个字符串，该字符串包含当前 CultureInfo 的名称，其格式为 languagecode2-country/regioncode2

10.2.3　C#中的 CheckForIllegalCrossThreadCalls 属性

CheckForIllegalCrossThreadCalls 是 Control 类的属性，该属性获取或设置一个值，该值指示是否捕获对错误线程的调用,这些调用在调试应用程序时访问控件的 Handle 属性。如果试图访问控件的方法或属性之一的线程不是创建该控件的线程，则通常会导致不可预知的结果。当程序中存在无效的线程试图对访问控件的 Handle 属性进行调用，将 CheckForIllegalCrossThreadCalls 设置为 true 可以更容易地查找并诊断此线程。

（1）新建一个项目，命名为"Ex10_02"，默认窗体为 Form1。
（2）在 Form1 窗体中主要添加的控件见表 10-3。

表 10-3　主要添加的控件

控件名	Name 属性	Text 属性
Label	Label1	对方 IP：
TextBox	tbIP	—
TextBox	tbMsg	—
Button	btnSend	发送
ListBox	lbInfo	—
GroupBox	gbSend	发送窗口
GroupBox	gbReceive	接收窗口
Button	btnClear	清空

（3）主要程序代码如下：

本例是利用 8888 端口进行局域网内部的点对点通信，只要确认对方 IP 就能相互发送信息。代码的添加主要分为以下几个步骤。

1）首先是对几个命名空间的引用，包括 System.Net、System.Net.Sockets 和 System.Threading，然后定义如下三个全局变量：

```
private UdpClient uc;
private IPEndPoint iep;
private Thread th;
```

其中，UdpClient 是本例的核心成员，主要通过它的相关方法进行数据的收发。

2）本例使用 8888 端口进行通信，所以应该在当前窗体构造函数 Form1（）内用该端口实例化 UdpClient。

```
public Form1（）
    {
        InitializeComponent（）；
CheckForIllegalCrossThreadCalls = false;
        uc = new UdpClient（8888）；
    }
```

CheckForIllegalCrossThreadCalls 主要是解决线程间的控件操作问题，通过将其属性设置为 fasle，可以禁用对操作控件的线程是否为创建该窗体的线程的检测，阻止该异常的发生。

3）单击"发送"按钮，添加如下代码：
```
iep = new IPEndPoint（IPAddress.Parse（tbIP.Text），8888）;
th = new Thread（new ThreadStart（listen））;
th.IsBackground = true;    //设置在后台运行
th.Start（）;    //启动线程
string temp = tbMsg.Text;
byte[] b = Encoding.UTF8.GetBytes（temp）;    //对发送的数据进行 UTF8 格式的编码
uc.Send（b, b.Length,iep）;    //发送数据
```

10.3 GPS 技术开发

10.3.1 引导任务

以下是实现基于串口的 GPS 的程序实例。通过实现基于串口的 GPS 数据的接收与解析，了解其开发原理。本程序将实现以下功能：

（1）串口的参数设置与串口的打开。
（2）GPS 数据的解析与显示（本例只解析 GPRMC 数据，其他数据同理）。

10.3.2 开发环境

系统要求：Windows 7/XP。
开发工具：Visual Studio 2010。
开发语言：C#。
硬件设备：基于串口的 GPS 设备（波特率为 9600）。

10.3.3 程序界面设计

（1）新建窗体 Form，将 Windows Form 命名为"Frm_GPS"，属性 Text 的值为："GPS"，窗体作为整个程序各个功能控件的载体。

（2）添加 1 个 GroupBox 控件，命名为"GroupBox1"（即属性 name 的值），属性 Text 的值为"数据"，作为其他控件的容器。

（3）在 Text 值为"接收"的 GroupBox 控件中添加 RichTextBox 控件，命名为"txtMsg"，用来获取接收的信息。

（4）添加 2 个 ComBox 控件，分别命名为"comboPortName"、"comboBaudrate"，其中 comboPortName 用来获取串口的名称，comboBaudrate 用来获取串口的波特率。

（5）添加 1 个 Button 控件，命名为"btnOpen"，Text 属性设置为"打开"，用于定义打开串口的代码。

（6）添加 6 个 TextBox 控件，分别用来显示经度、纬度、速度、海拔、时间和经度修正。

GPS 程序界面设计示例图如图 10-1 所示，GPS 程序窗体、控件对象的主要属性设置见表 10-4。

图 10-1　GPS 程序界面设计示例图

表 10-4　GPS 程序窗体、控件对象的主要属性设置

控件属性	主要属性	功　能
Form	（Name）= Frm_GPS	窗体控件
	Text= "ZigBee"	窗体标题栏显示的程序名称
GroupBox	（Name）= GroupBox1	组容器
	Text="数据"	作为各类控件容器
ComBox	（Name）= comboPortName	文本框控件
ComBox	（Name）= comboBaudrate	文本框控件
TextBox	（Name）= txtName	文本框控件
	Text=" "	输入用户名
Button	（Name）= btnOpen	事件执行控件
	单击事件=btnOpen_Click	按钮被单击时执行操作
	Text="打开"	按钮被单击时执行操作
richTextBox	（Name）= txtMsg	多行文本框控件

10.3.4　程序代码设计

1．引用命名空间

在 Form1.cs 文件的开头引用下列命名空间。

using System;
using System.Collections.Generic;
using System.ComponentModel;
using System.Data;
using System.Drawing;
using System.Linq;
using System.Text;
using System.Windows.Forms;
using System.IO.Ports;
using System.Globalization;

2. 在Form1.cs中定义程序中使用的全局变量

```csharp
public static CultureInfo NmeaCultureInfo = new CultureInfo("en-US");//定义速度转换单位
public static double MPHPerKnot = double.Parse("1.150779",NmeaCultureInfo);//定义速度转换单位
SerialPort comm = new SerialPort();//实例化串口
public string[] gpsString;//用于接收转换成字符串数组的串口返回数据
public string instring;//用于接收解析后的数据
```

3. 窗体初始化

```csharp
public Form1()
{
    InitializeComponent();
    TextBox.CheckForIllegalCrossThreadCalls = false;
    this.comm.DataReceived+=new SerialDataReceivedEventHandler(port_DataReceived);
}
```

4. 窗体加载事件

在窗体加载时加载计算机的所有串口并返回串口名称，绑定到comboPortName控件上。

```csharp
private void Form1_Load(object sender, EventArgs e)
{
    string[] ports = SerialPort.GetPortNames();
    Array.Sort(ports);
    comboPortName.Items.AddRange(ports);
    comboPortName.SelectedIndex = comboPortName.Items.Count > 0 ? 0 : -1;
    comboBaudrate.SelectedIndex = comboBaudrate.Items.IndexOf("9600");
}
```

5. 打开串口按钮事件

单击按钮时，打开串口并设置串口的波特率，串口的其他参数为默认。

```csharp
private void button2_Click(object sender, EventArgs e)
{
    if (comm.IsOpen)//判断串口是否打开
    {
        //打开时点击，则关闭串口
        comm.Close();
    }
    else
    {
        //关闭串口
        comm.PortName = comboPortName.Text;
        comm.BaudRate = int.Parse(comboBaudrate.Text);
        try
        {
            comm.Open();
        }
        catch (Exception ex)
        {
            //捕获到异常信息，创建一个新的comm对象，之前的不能用了
            comm = new SerialPort();
            //显示异常信息给客户
```

```
                MessageBox.Show（ex.Message）;
            }
        }
        //设置按钮的状态
        button2.Text = comm.IsOpen？"关闭" : "打开";

}
```

6. 定义串口接收数据事件

接收串口返回的数据。

```
private void port_DataReceived（object sender, SerialDataReceivedEventArgs e）
    {
        HandleGPSstring（sender, e）;
    }
private void HandleGPSstring（object s, EventArgs e）
{//zxy
    string inbuff;
    inbuff = comm.ReadExisting（）;
    if （inbuff != null）
    {
        if （inbuff.StartsWith（"$"））
        {
            instring = inbuff;
        }
        else
        {
            instring += inbuff;
        }
        gpsString = instring.Split（）;
        foreach （string item in gpsString）
          this.ParseGPRMC（item）;
    }
}
```

7. 串口返回数据的解析函数

串口返回的数据为原始数据，需要对返回的数据进行解析。本例中只解析 GPRMC 数据。

```
public bool ParseGPRMC（string sentence）
    {
        if （!IsValid（sentence）)    return false;
        // Look at the first word to decide where to go next
        if （GetWords（sentence）[0] == "$GPRMC"）
        {
            string strParsed = "latitude: ";
            string Latitude = string.Empty;
            string Longitude = string.Empty;
            double Speed = -1;
            double Bearing = -1;
            // Divide the sentence into words
            string[] Words = GetWords（sentence）;
```

第 10 章　GPS 技术

```csharp
// Do we have enough values to describe our location?
if （Words[3] != "" & Words[4] != "" &
    Words[5] != "" & Words[6] != ""）
{
        // Yes. Extract latitude and longitude
        // Append hours
        Latitude = Words[3].Substring（0, 2） +"º";
        // Append minutes
        Latitude = Latitude + Words[3].Substring（2） +"\"";
        // Append hours
        Latitude = Latitude + Words[4]; // Append the hemisphere
        Longitude = Words[5].Substring（0, 3） +"º";
        // Append minutes
        Longitude = Longitude + Words[5].Substring（3） +"\"";
        // Append the hemisphere
        Longitude = Longitude + Words[6];
        // Notify the calling application of the change
        textBoxLat.Text = Latitude;
        textBoxLon.Text = Longitude;
        //    PositionReceived（Latitude, Longitude）;
        strParsed = strParsed + Latitude + " Longitude: " + Longitude;
}
// Do we have enough values to parse satellite-derived time?
if （Words[1] != ""）
{
        // Yes. Extract hours, minutes, seconds and milliseconds
        int UtcHours = Convert.ToInt32（Words[1].Substring（0, 2））;
        int UtcMinutes = Convert.ToInt32（Words[1].Substring（2, 2））;
        int UtcSeconds = Convert.ToInt32（Words[1].Substring（4, 2））;
        int UtcMilliseconds = 0;
        // Extract milliseconds if it is available
        if （Words[1].Length > 7）
        {
                UtcMilliseconds = Convert.ToInt32（Words[1].Substring（7））;
        }
        // Now build a DateTime object with all values
        System.DateTime Today = System.DateTime.Now.ToUniversalTime（）;
        System.DateTime SatelliteTime = new System.DateTime（Today.Year,
            Today.Month, Today.Day, UtcHours, UtcMinutes, UtcSeconds,
            UtcMilliseconds）;
        // Notify of the new time, adjusted to the local time zone
        textTime.Text = SatelliteTime.ToLocalTime（）.ToString（）;
strParsed = strParsed + " Time: " + SatelliteTime.ToLocalTime（）.ToShortTimeString（）;
}
// Do we have enough information to extract the current speed?
if （Words[7] != ""）
{
        // Yes.  Parse the speed and convert it to MPH
        Speed = double.Parse（Words[7], NmeaCultureInfo） *
            MPHPerKnot;
```

```csharp
            // Notify of the new speed
            textBoxSpeed.Text = Speed.ToString();;
            strParsed = strParsed + " Speed: " + Speed;
        }
        // Do we have enough information to extract bearing?
        if (Words[8] != "")
        {
            // Indicate that the sentence was recognized
            Bearing = double.Parse(Words[8], NmeaCultureInfo);
            textBearing.Text = Bearing.ToString();
            strParsed = strParsed + " Bearing: " + Bearing.ToString();
        }

        richTextBox1.Text = strParsed;
        return true;
    }
    else return false;
}
```

8．其他函数

```csharp
public string GetChecksum(string sentence) //计算校验位
{
    // Loop through all chars to get a checksum
    int Checksum = 0;
    foreach (char Character in sentence)
    {
        if (Character == '$')
        {
            // Ignore the dollar sign
        }
        else if (Character == '*')
        {
            // Stop processing before the asterisk
            break;
        }
        else
        {
            // Is this the first value for the checksum?
            if (Checksum == 0)
            {
                // Yes. Set the checksum to the value
                Checksum = Convert.ToByte(Character);
            }
            else
            {
                // No. XOR the checksum with this character's value
                Checksum = Checksum ^ Convert.ToByte(Character);
            }
        }
    }
```

```
        // Return the checksum formatted as a two-character hexadecimal
        return Checksum.ToString ("X2") ;
}
public bool IsValid（string sentence）//判断校验位
{
        // Compare the characters after the asterisk to the calculation
        return sentence.Substring（sentence.IndexOf（"*"）＋1）==
            GetChecksum（sentence）;
}
 public string[] GetWords（string sentence）  // 将返回的数据包分成短语
{
        //strip off the final * + checksum
        sentence = sentence.Substring（0, sentence.IndexOf（"*"））;
        //now split it up
        return sentence.Split（','）;
}
// Interprets a $GPRMC message
```

第 11 章
GIS 技术

11.1 GIS 概述

11.1.1 GIS 的概念

GIS（Geographic Information System，地理信息系统）也称为"地学信息系统"或"资源与环境信息系统"，是一种特定的十分重要的空间信息系统。它是在计算机硬件、软件系统支持下，对整个或部分地球表层（包括大气层）空间中的有关地理分布数据进行采集、储存、管理、运算、分析、显示和描述的技术系统。

GIS 是一门综合性学科，结合地理学与地图学以及遥感和计算机科学，已经广泛地应用在不同领域，是用于输入、存储、查询、分析和显示地理数据的计算机系统。GIS 是一种基于计算机的工具，它可以对空间信息进行分析和处理（简而言之，GIS 是对地球上存在的现象和发生的事件进行成图和分析）。GIS 技术把地图这种独特的视觉化效果和地理分析功能与一般的数据库操作（如查询和统计分析等）集成在一起。GIS 与其他信息系统最大的区别是对空间信息的存储管理分析，从而使其在广泛的公众和个人企事业单位中解释事件、预测结果、规划战略等方面具有实用价值。

11.1.2 GIS 的功能

（1）数据采集与编辑功能：GIS 的核心是一个地理数据库，所以建立 GIS 的第一步是将地面的实体图形数据和描述它的属性数据输入到数据库中，即数据采集。为了消除数据采集的错误，需要对图形及文本数据进行编辑和修改。

（2）属性数据编辑与分析功能：属性数据比较规范，适应于表格表示，所以许多 GIS 都采用关系数据库管理系统管理。通常的关系数据库管理系统（RDBMS）都为用户提供了一套功能很强的数据编辑和数据库查询语言，即 SQL，系统设计人员可据此建立友好的用户界面，以方便用户对属性数据的输入、编辑与查询。除文件管理功能外，属性数据库管理模块的主要功能还有用户定义各类地物的属性数据结构。由于 GIS 中各类地物的属性不同，描述它们的属性项及值域也不同，所以系统应提供用户自定义数据结构的功能，系统还应提供修改结构的功能，以及提供复制结构、删除结构、合并结构等功能。

（3）制图功能：GIS 的核心是一个地理数据库。建立 GIS 首先是将地面上的实体图形数据和描述它的属性数据输出到数据库中并能编制用户所需要的各种图件。因为大多数用户目前最关心的是制图。从测绘角度来看，GIS 是一个功能极强的数字化制图系统。然而计算机制图需要涉及计算机的外围设备，各种绘图仪的接口软件和绘图指令不尽相同，所以 GIS 中计算机绘图的功能软件并不简单，ARC/INFO 的制图软件包具有上百条命令，它需要设置绘图仪的种类、绘图比例尺，确定绘图原点和绘图大小等。一个功能强大的制图软件包还具有地图综合、分色排版的功能。根据 GIS 的数据结构及绘图仪的类型，用户可获得矢量地图或栅格地图。GIS 不仅可以为用户输出全要素地图，而且可以根据用户需要分层输出各种专题地图，如行政区划图、土壤利用图、道路交通图、等高线图等，还可以通过空间分析得到一些特殊的地学分析用图，如坡度图、坡向图剖面图等。

（4）空间数据库管理功能：地理对象通过数据采集与编辑后，形成庞大的地理数据集。对此需要利用数据库管理系统来进行管理。GIS 一般都装配有地理数据库，其功效类似对图书馆的图书进行编目、分类存放，以便于管理人员或读者快速查找所需的图书。其基本功能包括：①数据库定义。②数据库的建立与维护。③数据库操作。④通信功能。

除以上四种类型的基本功能外，还有空间分析、拓扑空间查询、缓冲区分析、叠置分析、空间集合分析和地形分析等功能。

11.1.3 GIS 的应用领域

GIS 在近 30 年取得了惊人的发展，广泛应用于资源调查、环境评估、灾害预测、国土管理、城市规划、邮电通信、交通运输、军事公安、水利电力、公共设施管理、农林牧业、统计、商业金融、测绘、应急、石油石化等领域。

以下是 GIS 在各应用领域内的作用。

（1）资源管理（Resource Management）：GIS 主要应用于农业和林业领域，解决农业和林业领域各种资源（如土地、森林、草场）分布、分级、统计、制图等问题，主要回答"定位"和"模式"两类问题。

（2）资源配置（Resource Configuration）：在城市中各种公用设施、救灾减灾中物资的分配、全国范围内能源保障、粮食供应等都是资源配置问题。GIS 在这类应用中的目标是保证资源的最合理配置和发挥最大效益。

（3）城市规划和管理（Urban Planning and Management）：空间规划是 GIS 的一个重要应用领域，城市规划和管理是其中的主要内容。例如，在大规模城市基础设施建设中如何保证绿地的比例和合理分布，如何保证学校、公共设施、运动场所、服务设施等有最大的服务面（城市资源配置问题）等。

（4）土地信息系统和地籍管理（Land Information System and Cadastral Applicaiton）：土地和地籍管理涉及土地使用性质变化、地块轮廓变化、地籍权属关系变化等许多内容，借助 GIS 技术可以高效、高质量地完成这些工作。

（5）生态、环境管理与模拟（Environmental Management and Modeling）：区域生态规划、环境现状评价、环境影响评价、污染物削减分配的决策支持、环境与区域可持续发展的决策支持、环保设施的管理、环境规划等。

（6）应急响应（Emergency Response）：解决在发生洪水、战争、核事故等重大自然或人为灾害时，如何安排最佳的人员撤离路线，并配备相应的运输和保障设施的问题。

（7）地学研究与应用（Application in GeoScience）：地形分析、流域分析、土地利用研究、经济地理研究、空间决策支持、空间统计分析、制图等都可以借助 GIS 工具完成。

（8）商业与市场（Business and Marketing）：商业设施的建立充分考虑其市场潜力。例如，大型商场的建立如果不考虑其他商场的分布、周围居民区的分布和人数，建成之后就可能无法达到预期的市场和服务面。有时甚至商场销售的品种和市场定位都必须与待建区的人口结构（如年龄构成、性别构成、文化水平）、消费水平等结合起来考虑。GIS 的空间分析和数据库功能可以解决这些问题。房地产开发和销售过程中也可以利用 GIS 功能进行决策和分析。

（9）基础设施管理（Facilities Management）：城市的地上地下基础设施（电信、自来水、道路交通、天然气管线、排污设施、电力设施等）广泛分布于城市的各个角落，且这些设施明显具有地理参照特征。它们的管理、统计、汇总都可以借助 GIS 完成，而且可以大大提高工作效率。

（10）选址分析（Site Selecting Analysis）：根据区域地理环境的特点，综合考虑资源配置、市场潜力、交通条件、地形特征、环境影响等因素，在区域范围内选择最佳位置是 GIS 的一个典型应用领域，充分体现了 GIS 的空间分析功能。

（11）网络分析（Network System Analysis）：建立交通网络、地下管线网络等的计算机模型，研究交通流量、交通规则以及地下管线突发事件（爆管、断路）等应急处理。警务和医疗救护的路径优选、车辆导航等也是 GIS 网络分析应用的实例。

（12）可视化应用（Visualization Application）：以数字地形模型为基础，建立城市、区域或大型建筑工程、著名风景名胜区的三维可视化模型，实现多角度浏览，可广泛应用于宣传、城市和区域规划、大型工程管理和仿真、旅游等领域。

（13）分布式地理信息应用（Distributed Geographic Information Application）：随着互联网技术的发展，运行于互联网或企业内部网环境下的 GIS 应用，其目标是实现地理信息的分布式存储和信息共享以及远程空间导航等。

11.1.4　GIS 应用开发

GIS 系统开发可分成 GIS 应用系统开发和 GIS 基础平台开发两个部分。

GIS 应用系统面对直接用户，采用 GIS 基础平台提供基本的地理信息访问功能，针对用户的具体系统需求进行功能定制。其特点是为直接用户量身定做，能够全方位地服务于直接用户，满足用户的实际业务管理需求。从用户的角度看，GIS 应用系统更像是一个增强了直观地理信息访问手段的 MIS，并能将配网自动化、调度自动化等各方面信息有机、透明地集成进来。

GIS 基础平台主要面对 GIS 应用系统的开发者，其中部分辅助工具（如地图录入系统、图例维护系统等）也可以帮助直接用户进行 GIS 系统的日常维护工作。GIS 基础平台采用先进的 COM/DCOM 技术，可以无缝地嵌入常见应用系统开发工具（如 VC、VB、PB、Dephi 等）中，提供强大的地理信息访问手段。从开发者的角度看，GIS 基础平台为自己的应用系统开发平台透明地增强了地理信息访问手段。开发者可以使用现有的开发方式，在应用系统中增加强大、直观、友好的地理信息访问手段。

11.2　知识储备

11.2.1　GMap.NET

GMap.NET 是一个开源的 GEO 地图定位和跟踪程序。就像谷歌地图、雅虎地图一样，可以自动计算两地的距离、定位经纬度，与谷歌地图不同的是，该项目是建立在 C#语言

WinForm 基础上的，可以对地图放大缩小、进行城市标记等。

1. gMapControl 控件

gMapControl 控件对应 GMap 中的数据视图，它封装了 Map 对象，并提供了额外的属性、方法、事件用于以下几个方面：

（1）管理控件的外观、显示属性和地图属性。
（2）添加并管理控件中的数据层。
（3）装载 Map 文档（.mxd）到控件中。
（4）从其他应用程序拖放数据到控件中。
（5）绘制跟踪图形并显示。

gMapControl 控件的常用属性，见表 11-1。

表 11-1　gMapControl 控件的常用属性

属 性 名 称	说　　明
Manager.Mode	数据访问模式，一般设置为 AccessMode.ServerAndCache
MapProvider	地图提供商，一般使用 GMapProviders.GoogleChinaMap
DragButton	移动地图的鼠标按键，默认为右键，通常将其设置为 MouseButtons.Left
MaxZoom	最大倍数，为一个 int
MinZoom	最小倍数，为一个 int
Zoom	当前倍数，为一个 int
Position	地图的聚焦点，为一个 PointLatLng
PointLatLng	包含两个两个 double，表示经纬度的点，Lat 表示纬度，Lng 表示纬度
GMapOverlay	图层，通过 gMap.Overlays.Add 方法添加到地图中，可存放标记、路径等
GMarkerGoogle	标记，存放在层中，新建时需要一个 PointLatLng（表示其位置信息）和一个 Bitmap（表示其在地图上显示的图片）

2. Map Providers（地图提供器）

GMap.NET 采取了良好的代码结构，缓存、数据结构都遵循了低耦合—高内聚的原则，每个模块之间的联系也都是基于接口进行编程的。同样，地图数据源的接口 MapProvider 也遵循了这个原则。GMapProvider 是地图数据源的接口，当客户端在初始化调用 this.MainMap.MapProvider =GMapProviders.BaiduMapProvider 时，就会根据不同地图的不同规则进行加载数据。GMap.NET library 的神奇之处在于不仅仅可以利用 Google Maps，还有其他地图可以利用，GMap 可以调用大量的地图源，并且接口都封装在内部。

以下是具体的地图提供器：①CloudMadeMapProvider；②GoogleMapProvider；③OpenCycleMapProvider；④OpenStreetMapProvider；⑤WikiMapiaMapProvider；⑥YahooMapProvider。

11.2.2　C#中的 Byte 类型

byte 关键字代表一种整型，该类型按表 11-2 所示存储值。

表 11-2 byte 类型

类型	范围	大小
byte	0 到 255	无符号 8 位整数

可以从 byte 隐式转换为 short、ushort、int、uint、long、ulong、float、double 或 decimal 类型,但不能将更大存储大小的非文本数值类型隐式转换为 byte 类型。

11.2.3　C#中的占位符

C#中提供的一种书写方式,用{ }来表示,在{ }内填写所占的位的序号,C#规定从 0 开始。例如,Console.WriteLine("{0},{1}",c,d)。在 String 类中,Format 是其中的一个方法用来格式化输出字符。常用的格式化字符见表 11-3。

表 11-3　常用的格式化标识符

字母	含义
C 或 c	Currency 货币格式
D 或 d	Decimal 十进制格式(十进制整数,不要和.Net 的 Decimal 数据类型混淆了)
E 或 e	Exponent 指数格式
F 或 f	Fixed point 固定精度格式
G 或 g	General 常用格式
N 或 n	用逗号分隔千位的数字,比如 1234 将会被变成 1,234
P 或 p	Percentage 百分符号格式
R 或 r	Round-trip 圆整(只用于浮点数),保证一个数字被转化成字符串以后可以再被转回成同样的数字
X 或 x	Hex 16 进制格式

11.3　GIS 开发

11.3.1　引导任务

以下将实现基于 GIS 的程序的开发。本程序将基于 GMap.NET 开发,通过利用开源三方控件,实现地图基本操作,从而理解 GIS 的开发与应用原理。主要功能包括:
(1)实现地图的加载与显示。
(2)位置信息的采集与显示。
(3)地图放大缩小,进行位置标记。

11.3.2　开发环境

系统要求:Windows 7/XP。
开发工具:Visual Studio 2010。
开发语言:C#。
硬件设备:无。

11.3.3 程序界面设计

（1）首先建立一个 C# winform 工程，添加 GMap.NET.Core.dll、GMap.NET.Windows Forms.dll、System.Data.SQLite.dll、BSE.Windows.Forms.dll 动态库，在工具栏中添加 GMapControl 控件，将控件加载到工具栏中。

（2）添加一个 GroupBox 控件，命名为："GroupBox1"（即属性 name 的值），属性 Text 的值为 "数据"，作为其他控件的容器。

（3）在 Text 值为 "接收" 的 GroupBox 控件中添加 GMapControl 控件，命名为 "txtMsg"，用来获取接收的信息。

（4）添加一个 Button 控件，命名为 "btnOpen"，Text 属性设置为 "打开"，用于定义打开串口的代码。

GIS 程序窗体、控件对象的主要属性设置见表 11-4，GIS 程序界面设计如图 11-1 所示。

图 11-1　GIS 程序界面设计示例图

表 11-4　GIS 程序窗体、控件对象的主要属性设置

控件属性	主要属性	功能
Form	（Name）=Frm_GPS	窗体控件
	Text="GIS"	窗体标题栏显示的程序名称
GroupBox	（Name）=GroupBox1	组容器
	Text="数据"	作为各类控件容器
ComBox	（Name）=comboPortName	文本框控件
ComBox	（Name）=comboBaudrate	文本框控件
TextBox	（Name）=txtName	文本框控件
	Text=" "	输入用户名
Button	（Name）=btnOpen	事件执行控件
	单击事件=btnOpen_Click	按钮被单击时执行操作
	Text="打开"	按钮被单击时执行操作
richTextBox	（Name）=txtMsg	多行文本框控件

11.3.4　程序代码设计

1．引用命名空间

在 Form1.cs 文件的开头引用下列命名空间。
using System.IO.Ports;

2．在 Form1.cs 中定义程序中使用的全局变量

List<byte> maxbuf = new List<byte>（）;//定义字符数组用来接收串口返回的数据
SerialPort comm = new SerialPort（）;//实例化串口类

3．窗体初始化

```
        public Form1（）
        {
                InitializeComponent（）;
                TextBox.CheckForIllegalCrossThreadCalls = false; //允许 Text 控件跨线程调用
                this.comm.DataReceived+=newSerialDataReceivedEventHandler（port_DataReceived）;//
            注册串口的接收事件
        }
private void Form1_Load（object sender, EventArgs e）   //窗体加载，初始化 SerialPort 对象

        {
                string[] ports = SerialPort.GetPortNames（）;//获取当前系统的所有串口名称
                Array.Sort（ports）;//排序
                comboPortName.Items.AddRange（ports）;//把存放串口名称的数组绑定到
comboPortName 控件上
                comboPortName.SelectedIndex = comboPortName.Items.Count > 0 ? 0 : -1;//判断如果
comboPortName 控件的子记录数大于 0。则设置其默认索引为 0，否则为 1
                comboBaudrate.SelectedIndex = comboBaudrate.Items.IndexOf（"19200"）;

        }
```

4．定义串口接收数据事件

```
    private void port_DataReceived（object sender, SerialDataReceivedEventArgs e）
            {
                //if （bStopListening == true）
                //{
                //    return;
                //}
                try
                {
                    int n = comm.BytesToRead;//n 为返回的字节数
                    byte[] buf = new byte[n];//初始化 buf 长度为 n
                    comm.Read（buf, 0, n）;//读取返回数据并赋值到数组
                    //_RFIDHelper.Parse（buf,true）;
                    this.Parse（buf）;
                }
                catch （System.Exception ex）
                {
                    MessageBox.Show（ex.Message）;
```

5．串口返回数据的解析函数

```csharp
public void Parse（byte[] value）
{
    richTextBox1 .Text=string.Format（"Parse -> {0}",BytesToHexString（value））;
    try
    {
        maxbuf.AddRange（value）;//将 buf 数组添加到 maxbuf

        while （maxbuf.Count > 0）//只要还有数据就不停地查找
        {
            // 从整个数据源中找出一段命令
            int nEndIndex = maxbuf.FindIndex（0, IsFF）;
            if （nEndIndex == -1）
            {
                return;
            }
            while （nEndIndex != -1）
            {
                if （nEndIndex > 0）// 此时找到的是形如 xxxFFFF 的数组
                {
                    if （nEndIndex + 1 < maxbuf.Count &&
                        IsFF（maxbuf[nEndIndex + 1]））//如果这个 ff 的后面还是 ff,那么说明这是结尾
                    {
                        if （（nEndIndex >= 22））// 往前数 22 是标识 00 的包头
                        {
                            break;
                        }
                    }
                }
                if （nEndIndex + 1 < maxbuf.Count）
                {
                    nEndIndex = maxbuf.FindIndex（nEndIndex + 1, IsFF）;
                    if （nEndIndex == -1）
                    {
                        return;//没找到一个完整的命令字符串，无法继续处理，直接返回
                    }
                }
                else//当 nEndIndex = 22  maxbuf.Count = 23 时会死循环，必须返回
                {
                    return;//没找到一个完整的命令字符串，无法继续处理，直接返回
                }
            }
            List<byte> bytesCmd = maxbuf.GetRange（nEndIndex - 22, 24）;
            maxbuf.RemoveRange（0, nEndIndex + 2）;//将取出的命令从源中清除
            string strID = BytesToHexStringWithNospace（bytesCmd.GetRange（0,2）.ToArray（））;
            int id = Int32.Parse（strID, NumberStyles.AllowHexSpecifier）;
```

```csharp
            List<byte> address = bytesCmd.GetRange（2,8）；
            string strNodeID = BytesToHexStringWithNospace（bytesCmd.GetRange（10,
            2）.ToArray（））；
            int nodeID = Int32.Parse（strNodeID, NumberStyles.AllowHexSpecifier）；
            string strHumidity = BytesToHexStringWithNospace（bytesCmd.GetRange（12,
            2）.ToArray（））；
            int Humidity = Int32.Parse（strHumidity, NumberStyles.AllowHexSpecifier）；
            string strTemp = BytesToHexStringWithNospace（bytesCmd.GetRange（14,
            2）.ToArray（））；
            int temperature = Int32.Parse（strTemp, NumberStyles.AllowHexSpecifier）；
            richTextBox1.Text = string.Format（"ZigBeeHelper Parse -> id = {0},nodeID =
            {1} Humidity = {2} temperature = {3} ",
                id.ToString（）, nodeID.ToString（）, Humidity.ToString（）, temperature.ToString
                （））；
        }
        return;
    }
    catch （Exception ex）
    {

    }
}
```

6．打开按钮事件

```csharp
private void button2_Click（object sender, EventArgs e）
{
    if （comm.IsOpen）
    {
        //打开时点击按钮，则关闭串口
        comm.Close（）；
    }
    else
    {
        //关闭时点击按钮，则设置好端口、波特率后打开
        comm.PortName = comboPortName.Text;
        comm.BaudRate = int.Parse（comboBaudrate.Text）；
        try
        {
            comm.Open（）；
        }
        catch （Exception ex）
        {
            //捕获到异常信息，创建一个新的 comm 对象，之前的不能用了
            comm = new SerialPort（）；
            //显示异常信息给客户
            MessageBox.Show（ex.Message）；
        }
    }
    //设置按钮的状态
    button2.Text = comm.IsOpen ? "关闭" : "打开";
}
```

第 12 章 无线传感器网络

12.1 无线传感器网络原理

无线传感器网络（Wireless Sensor Network，WSN）是由部署在监测区域内大量的廉价微型传感器节点组成的，通过无线通信方式形成的一个多跳的自组织的网络系统，其目的是协作地感知、采集和处理网络覆盖区域中被感知对象的信息，并发送给观察者。

ZigBee 作为无线传感器网络中的一项重要技术，以其低功耗和强大的传感功能，为研发物联网技术的人士所青睐。ZigBee 是基于 IEEE 802.15.4 标准的低功耗个域网协议。根据这个协议规定的技术是一种短距离、低功耗的无线通信技术。"ZigBee"这一名称来源于蜜蜂的八字舞，蜜蜂靠飞翔和"嗡嗡"地抖动翅膀的"舞蹈"来与同伴传递花粉所在方位信息，也就是说蜜蜂依靠这样的方式构成了群体中的通信网络。其特点是近距离、低复杂度、自组织、低功耗、低数据速率、低成本，主要适合用于自动控制和远程控制领域，可以嵌入各种设备。简而言之，ZigBee 是一种便宜的、低功耗的近距离无线组网通信技术。

12.1.1 ZigBee 无线技术协议栈结构

ZigBee 的协议栈很简单，仅分为 4 层，如图 12-1 所示。

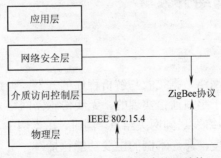

图 12-1 ZigBee 无线技术协议结构

物理层和介质访问控制层采用 IEEE 802.15.4 协议标准。其中，物理层提供了两种类型的服务：通过物理层管理实体接口对物理层数据和物理层管理提供服务，物理层数据服务可以通过无线物理信道发送和接收物理层协议数据单元来实现。

12.1.2 ZigBee 技术原理

如图 12-2 浅灰色圆点是指基站,各个基站之间可以相互进行数据传输(要求在传输距离之内),通过这样一个网络,不同的数据可以得到传输和共享。而我们的设备需要具备可以进行数据发送的功能,并且是可以无线发送的功能。这些设备发送的数据被各基站接收,信号从这个基站往各个方向的基站发送。

信号接收机不断地从各个基站接收信号,并判断是不是传送给自己的信号,若是的话就可以接收信号。在整个系统中,信号的发送和接收、基站数据的传输和共享都是全自动的,系统会自动地选择一个最方便、最快速的方案来完成网络数据信号的传输。

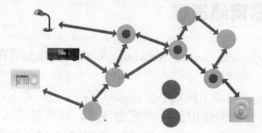

图 12-2 网络拓扑结构

12.2 知识储备

ZigBee 标准的制定:IEEE 802.15.4 的物理层、介质访问控制层及数据链路层标准已在 2003 年 5 月发布。ZigBee 网络层、加密层及应用描述层的标准制定也取得了较大的进展。V1.0 版本已经发布。其他应用领域及其相关的设备描述也会陆续发布。由于 ZigBee 不仅只是 802.15.4 的代名词,而且 IEEE 仅处理低级介质访问控制层和物理层协议,因此 ZigBee 联盟对其网络层协议和 API 进行了标准化。ZigBee 联盟还开发了安全层,以保证这种便携设备不会意外泄漏其标识,而且这种利用网络的远距离传输不会被其他节点获得。

12.3 无线传感器网络开发

12.3.1 引导任务

以下将实现无线传感器网络数据接收与解析程序的开发。无线传感器与计算机之间通过串口通信,因此本程序是基于串口通信实现的。无线传感器网络采用星型网络,子结点将采集的数据通过 ZigBee 无线网络发送到网关结点。同时,在本例中,子结点集成了温湿度传感器,子结点将采集环境温湿度信息。本例的主要功能包括:

(1)串口的参数设置与串口的打开关闭。
(2)ZigBee 数据的接收与解析。

12.3.2 开发环境

系统要求:Windows 7/XP。

第 12 章 无线传感器网络

开发工具：Visual Studio 2010。
开发语言：C#。
硬件设备：基于串口的 ZigBee 主结点和子结点（波特率为 19200）。

12.3.3 程序界面设计

（1）新建窗体 Form。将 Windows Form 命名为"Frm_ZigBee"，属性 Text 的值为"无线传感网络"，窗体作为整个程序各个功能控件的载体。

（2）添加 1 个 GroupBox 控件，命名为"GroupBox1"（即属性 name 的值），属性 Text 的值为"数据"，作为其他控件的容器。

（3）在 Text 值为"接收"的 GroupBox 控件中添加 RichTextBox 控件，命名为"txtMsg"，用来获取接收的信息。

（4）添加 2 个 ComBox 控件，分别命名为"comboPortName"、"comboBaudrate"，其中 comboPortName 用来获取串口的名称，comboBaudrate 用来获取串口的波特率。

（5）添加 1 个 Button 控件，命名为"btnOpen"，Text 属性设置为"打开"，用于定义打开串口的代码。

无线传感器网络程序界面设计如图 12-3 所示。

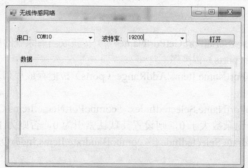

图 12-3　无线传感器网络程序界面设计示意图

无线传感器网络程序窗体、控件对象的主要属性设置见表 12-1。

表 12-1　无线传感器网络程序窗体、控件对象的主要属性设置

控件属性	主要属性	功　能
Form	（Name）= Frm_ZigBee	窗体控件
	Text="无线传感网络"	窗体标题栏显示的程序名称
GroupBox	（Name）= GroupBox1	组容器
	Text="数据"	作为各类控件容器
ComBox	（Name）= comboPortName	文本框控件
ComBox	（Name）= comboBaudrate	文本框控件
TextBox	（Name）= txtName	文本框控件
	Text=""	输入用户名
Button	（Name）= btnOpen	事件执行控件
	单击事件=btnOpen_Click	按钮被单击时执行操作
	Text="打开"	按钮被单击时执行操作
richTextBox	（Name）= txtMsg	多行文本框控件

12.3.4 程序代码设计

1. 引用命名空间

在 Form1.cs 文件的开头引用下列命名空间。
using System.IO.Ports;

2. 在 Form1.cs 中定义程序中使用的全局变量

List<byte> maxbuf = new List<byte>（）;//定义字符数组，用来接收串口返回的数据
SerialPort comm = new SerialPort（）;//实例化串口类

3. 窗体初始化

```
        public Form1（）
        {
                InitializeComponent（）;
                TextBox.CheckForIllegalCrossThreadCalls = false; //允许 Text 控件跨线程调用
                this.comm.DataReceived+=newSerialDataReceivedEventHandler（port_DataReceived）;
//注册串口的接收事件
        }
        private void Form1_Load（object sender, EventArgs e） //窗体加载，初始化 SerialPort 对象

        {
                string[] ports = SerialPort.GetPortNames（）;//获取当前系统的所有串口名称
            Array.Sort（ports）;//排序
                comboPortName.Items.AddRange（ports）;//把存放串口名称的数组绑定到
comboPortName 控件上
                comboPortName.SelectedIndex = comboPortName.Items.Count > 0 ? 0 : -1;//判断如果
comboPortName 控件的子记录数大于 0，则设置其默认索引为 0，否则为 1
                comboBaudrate.SelectedIndex = comboBaudrate.Items.IndexOf（"19200"）;

        }
```

4. 定义串口接收数据事件

```
    private void port_DataReceived（object sender, SerialDataReceivedEventArgs e）
        {
                //if （bStopListening == true）
                //{
                //    return;
                //}
                try
                {
                        int n = comm.BytesToRead;//n 为返回的字节数
                        byte[] buf = new byte[n];//初始化 buf 长度为 n
                        comm.Read（buf, 0, n）;//读取返回数据并赋值到数组
                        //_RFIDHelper.Parse（buf,true）;
                        this.Parse（buf）;
                }
                catch （System.Exception ex）
```

第 12 章　无线传感器网络

```
        {
            MessageBox.Show（ex.Message）;
        }
    }
```

5．串口返回数据的解析函数

```
    public void Parse（byte[] value）
    {
        richTextBox1.Text=string.Format（"Parse -> {0}",BytesToHexString（value））;
        try
        {
            maxbuf.AddRange（value）;//将 buf 数组添加到 maxbuf,只管添加

            while （maxbuf.Count > 0）//只要还有数据就不停地查找
            {
                // 从整个数据源中找出一段命令
                int nEndIndex = maxbuf.FindIndex（0, IsFF）;
                if （nEndIndex == -1）
                {
                    return;
                }
                while （nEndIndex != -1）
                {
                    if （nEndIndex > 0）// 此时找到的是形如 xxxFFFF 的数组
                    {
                        if （nEndIndex + 1 < maxbuf.Count &&
                            IsFF（maxbuf[nEndIndex + 1]））//如果这个 ff 的后面还是 ff，那说明
```
这真是结尾
```
                        {
                            if （(nEndIndex >= 22)）// 往前数 22 是标识 00 的包头
                            {
                                break;
                            }
                        }
                    }
                    if （nEndIndex + 1 < maxbuf.Count）
                    {
                        nEndIndex = maxbuf.FindIndex（nEndIndex + 1, IsFF）;
                        if （nEndIndex == -1）
                        {
                            return;//没找到一个完整的命令字符串，无法继续处理，直接返回
                        }
                    }
                    else//当 nEndIndex = 22 maxbuf、Count = 23 时会死循环，必须返回
                    {
                        return;//没找到一个完整的命令字符串，无法继续处理，直接返回
                    }
                }
```

```
                List<byte> bytesCmd = maxbuf.GetRange（nEndIndex - 22, 24）;
                maxbuf.RemoveRange（0, nEndIndex + 2）;//将取出的命令从源中清除
                string strID = BytesToHexStringWithNospace（bytesCmd.GetRange（0, 2）.ToArray
（））;
                int id = Int32.Parse（strID, NumberStyles.AllowHexSpecifier）;
                List<byte> address = bytesCmd.GetRange（2, 8）;
                string strNodeID = BytesToHexStringWithNospace（bytesCmd.GetRange（10,
2）.ToArray（））;
                int nodeID = Int32.Parse（strNodeID, NumberStyles.AllowHexSpecifier）;
                string strHumidity = BytesToHexStringWithNospace（bytesCmd.GetRange（12,
2）.ToArray（））;
                int Humidity = Int32.Parse（strHumidity, NumberStyles.AllowHexSpecifier）;
                string strTemp = BytesToHexStringWithNospace（bytesCmd.GetRange（14,
2）.ToArray（））;
                int temperature = Int32.Parse（strTemp, NumberStyles.AllowHexSpecifier）;

                richTextBox1.Text = string.Format（"ZigBeeHelper Parse -> id = {0},nodeID = {1}
Humidity = {2} temperature = {3} ",
                            id.ToString（）, nodeID.ToString（）, Humidity.ToString（）,
temperature.ToString（））;
                //if（this.eventZigInfo != null）
                //{
                //    this.eventZigInfo（id, nodeID, Humidity, temperature）;
                //}
            }
            return;
        }
        catch（Exception ex）
        {
        }
    }
```

6. 打开按钮事件

```
private void button2_Click（object sender, EventArgs e）
        {
            if（comm.IsOpen）
            {
                //打开时点击，则关闭串口
                comm.Close（）;
            }
            else
            {
                //关闭时点击，则设置好端口、波特率后打开
                comm.PortName = comboPortName.Text;
                comm.BaudRate = int.Parse（comboBaudrate.Text）;
                try
                {
                    comm.Open（）;
                }
```

```
            catch（Exception ex）
        {
            //捕获到异常信息，创建一个新的 comm 对象，之前的不能用了
            comm = new SerialPort（）;
            //现实异常信息给客户
            MessageBox.Show（ex.Message）;
        }
    }
    //设置按钮的状态
    button2.Text = comm.IsOpen ? "关闭" : "打开";

}
```

第 13 章
GSM/GPRS 技术

13.1 GSM/GPRS 技术原理

13.1.1 GSM/GPRS 技术简介

GPRS，General Packet Radio Service（通用分组无线服务技术）是 GSM 移动电话用户可用的一种移动数据业务。GPRS 是 GSM 的延续。和以往连续在频道传输的方式不同，GPRS 是以封包方式来传输，因此使用者所负担的费用是以其传输资料单位来计算的，并非使用其整个频道，理论上较为便宜。GPRS 的传输速率可提升至 56Kbit/s，甚至 114Kbit/s。

GPRS 常被描述成"2.5G"，也就是说这项技术位于第二代（2G）和第三代（3G）移动通信技术之间。它通过利用 GSM 网络中未使用的 TDMA 信道，提供中速的数据传递。GPRS 突破了 GSM 网只能提供电路交换的思维方式，只通过增加相应的功能实体和对现有的基站系统进行部分改造来实现分组交换，这种改造的投入相对来说并不大，但得到的用户数据速率却相当可观。而且，因为不再需要现行无线应用所需要的中介转换器，所以连接及传输都会更方便容易。使用者既可联机上网、参加视讯会议等互动传播，而且在同一个视讯网络上（VRN）的使用者可以无需通过拨号上网而持续地与网络连接。在 GPRS 分组交换的通信方式中，数据被分成一定长度的包（分组），每个包的前面有一个分组头（其中的地址标志指明该分组发往何处）。数据传送之前并不需要预先分配信道、建立连接，而是在每一个数据包到达时，根据数据包头中的信息（如目的地址）临时寻找一个可用的信道资源将该数据包发送出去。在这种传送方式中，数据的发送和接收方同信道之间没有固定的占用关系，信道资源可以看做是由所有的用户共享使用。

由于数据业务在绝大多数情况下都表现出一种突发性的业务特点，对信道带宽的需求变化较大，因此采用分组方式进行数据传送将能够更好地利用信道资源。例如，一个进行 WWW 浏览的用户大部分时间处于浏览状态，而真正用于数据传送的时间只占很小比例。这种情况下若采用固定占用信道的方式，将会造成较大的资源浪费。

13.1.2 AT 指令

AT 指令一般应用于终端设备与计算机应用之间的连接与通信。其对所传输的数据包大小有定义：对于 AT 指令的发送，除了 AT 两个字符外，最多可以接收 1056 个字符的长度（包括最后的空字符）。

每个 AT 命令行中只能包含一条 AT 指令；对于由终端设备主动向计算机端报告的 response 响应，也要求一行最多只有一个，不允许上报的一行中有多条指示或者响应。AT 指令以回车作为结尾，响应或上报以回车换行为结尾。

13.1.3　GSM 模块 AT 指令集（请仔细参阅华为 EM310 指令集）

请仔细阅读华为 EM310 无线模块 AT 命令手册。

所有命令行必须以"AT"或"at"为前缀，以<CR>结尾。一般来讲，AT 命令包括四种类型，见表 13-1。

表 13-1　控制命名示例

类　型	说　　明	实　　例
设置命令	该命令用于设置用户自定义的参数值	AT+Cxxx=<.....>
测试命令	该命令用于查询命令或内部程序设置的参数及其取值范围	AT+Cxxx=?
查询命令	该命令用于返回参数的当前值	AT+Cxxx=?
执行命令	该命令读出受 GSM 模块内部程序控制的不可变参数	AT+Cxxx

13.2　GSM/GPRS 技术开发

13.2.1　程序界面设计

为实现软件的相关功能，采用上下布局的界面，将收发命令集中到一个串口，方便操作。GPRS/GSM 开发主界面如图 13-1 所示。

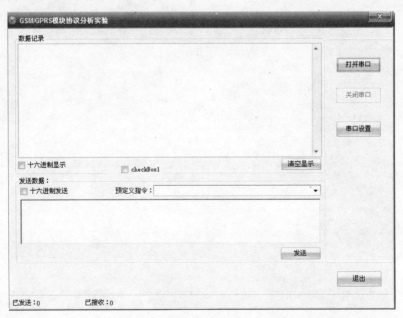

图 13-1　GPRS/GSM 开发主界面

13.2.2 程序代码设计

（1）接收消息代码：
```
public List<string> GetItemNames（）
{
    List<string> itemListR = new List<string>（）;
    Dictionary<string, string>.KeyCollection keys = _ItemDic.Keys;
    foreach （string s in keys）
    {
        itemListR.Add（s）;
    }
    return itemListR;
}
```
（2）通信设置代码：
```
public GPRSCommandItem（）
{
    _ItemDic.Add（"测试 SIM 卡是否存在", "AT%TSIM"）;
    _ItemDic.Add（"查询制造商名称", "AT+CGMI"）;
    _ItemDic.Add（"查询设备型号", "AT+CGMM"）;
    _ItemDic.Add（"拨打电话", "ATD[电话号码];"）;
    _ItemDic.Add（"挂断电话", "ATH"）;
    _ItemDic.Add（"接通电话", "ATA"）;
    _keyWordsList.Add（"AT"）;
    _keyWordsList.Add（"ATD"）;
}
```

第三部分

应用开发篇

第 14 章
基于 REST 架构的 RFID 中间件设计与开发

14.1 背景分析

RFID 中间件就是在企业应用系统和 RFID 信息采集系统间数据流入和数据流出的软件，是连接 RFID 信息采集系统和企业应用系统的纽带，使企业用户能够将采集的 RFID 数据应用到业务处理中。RFID 中间件扮演着 RFID 标签和应用程序之间的中介角色，这样一来，即使存储 RFID 标签信息的数据库软件或后端发生变化，如应用程序增加、改由其他软件取代或者 RFID 读写器种类增加等情况发生时，应用端不需修改也能处理，避免了多对多连接的维护复杂性问题。

14.1.1 RFID 中间件技术概述

中间件是在一个分布式系统环境中处于操作系统和应用程序之间的软件。中间件作为一大类系统软件，与操作系统、数据库孤立系统并称为"三套车"，其重要性不言而喻。基本的 RFID 系统一般由三部分组成：标签、阅读器、应用支撑软件。中间件是应用支撑软件的一个重要组成部分，是衔接硬件设备（如标签、阅读器）和企业应用软件（如 ERP、CRM 等）的桥梁。中间件的主要任务是对阅读器传来的与标签相关的数据进行过滤、汇总、计算、分组，减少从阅读器传往企业应用的大量原始数据，生成加入了语意解释的事件数据。可以说，中间件是 RFID 系统的"神经中枢"。

RFID 中间件是一种面向消息的中间件，信息是以消息的形式，从一个程序传送到另一个或多个程序。信息可以以异步的方式传送，所以传送者不必等待回应。面向消息的中间件包含的功能不仅可以传递信息，还必须包括解译数据、安全性、数据广播、错误恢复、定位网络资源、找出符合成本的路径、消息与要求的优先次序以及延伸除错工具等服务。

RFID 中间件位于 RFID 系统和应用系统之间，负责 RFID 系统和应用系统之间的数据传递，解决 RFID 数据的可靠性、安全性及数据格式转换的问题。RFID 中间件和 RFID 系统之间的连接采用 RFID 系统提供的 API（应用程序接口）来实现。标签中数据经过阅读器读取后，经过 API 程序传送给 RFID 中间件。RFID 中间件对数据处理后，通过标准的接口和服务对外进行数据发布。

一般来说，RFID 中间件具有下列特征：

（1）独立于架构。RFID 中间件独立并介于 RFID 读写器与后端应用程序之间，能够与多个 RFID 读写器以及多个后端应用程序连接，以减轻架构与维护的复杂性。

（2）数据流。RFID 的主要目的在于将实体对象转换为信息环境下的虚拟对象，因此数据处理是 RFID 最重要的功能。RFID 中间件具有数据的搜集、过滤、整合与传递等特性，以便将正确的对象信息传到企业后端的应用系统。

（3）处理流。RFID 中间件采用程序逻辑及存储再转送功能来提供顺序的消息流，具有数据流设计与管理的能力。

（4）标准。RFID 是自动数据采样技术与辨识实体对象的应用。全球物品编码中心目前研究为各种产品的全球唯一识别号码提供通用标准，即 EPC（产品电子编码）。EPC 是在供应链系统中，以一串数字来识别一项特定的商品。通过无线射频辨识标签，由 RFID 读写器读入后传送到计算机或是应用系统中的过程称为对象命名服务（Object Name Service, ONS）。对象命名服务系统会锁定计算机网络中的固定点抓取有关商品的消息。EPC 存放在 RFID 标签中，被 RFID 读写器读出后，即可提供追踪 EPC 所代表的物品名称及相关信息，并立即识别及分享供应链中的物品数据，有效地提供信息透明度。

14.1.2　RFID 中间件的功能

使用 RFID 中间件可以让用户更加方便和容易地应用 RFID 技术，并使这项技术融入到各种各样的业务应用和工作流程当中。RFID 中间件的功能之一就是通过为 RFID 设备增加一个软件适配层的方法将所有类型的 RFID 设备（包括目前使用的 RFID 设备、下一代 RFID 设备、传感器以及 EPC 阅读器）在平台上整合成为"即插即用"的模式。

对于应用开发商而言，RFID 中间件的重要功能在于产品所特有的强大事件处理和软件管理机制。事件处理引擎帮助开发者轻松地建立、部署和管理一个端到端的逻辑 RFID 处理过程，而该过程是完全独立于底层的具体设备型号和设备间信息交流协议的。因为在事件处理引擎中利用逻辑设备这一模式，使得 RFID 数据处理过程可以真正地脱离应用部署阶段所要面对的设备物理拓扑结构，因而大大降低了设计的复杂性，也不必关心这些设备的供应商和它们之间用的是什么通信协议。

RFID 中间件还可以和诸如 ERP（企业资源配置）系统、WMS（仓储管理系统）以及其他一些专有业务系统很有效地配合在一起进行业务处理。这种良好的适应性使得应用该框架组建的 RFID 应用只需要进行非常少量的程序改动就可以和原有的业务系统软件配合得天衣无缝。

RFID 中间件基础框架的分层结构及其功能如下：

（1）设备服务供应商接口层。该层是由帮助硬件供应商建立所谓"设备驱动"的可以任意扩展的 API 生成集合以及允许与系统环境无缝连接的特定接口组成的。为了更容易地发挥整合的效能，RFID 中间件通过 RFID 软件开发包的形式囊括各种各样的设备通信协议并且支持以往生产的所有身份识别设备和各类阅读器，具有良好的兼容性。一旦设备供应商采用了软件开发包编制设备驱动程序，网络上的任何一个射频识别设备都可以被工具软件发现、配置和管理。这些设备可以是 RFID 阅读器、打印机，甚至是既可以识别条码又可以识别 RFID 信号的多用途传感器。

（2）运转引擎层。这一层是通过消除未经处理的 RFID 数据中的噪声和失真信号等手段让 RFID 应用软件在复杂多样的业务处理过程中充分发挥杠杆作用。例如，一般情况下设备很难检测出货盘上电子标签的移动方向，或者判明设备读入的数据是新数据还是已经存在的旧数据。中间件中的运转引擎层可以通过由一系列基于业务规则的策略和可扩展的事件处理程序组成的强大事件处理机制，让应用程序能够将未经处理的 RFID 事件数据过滤、聚集和转换成为业务系统可以识别的信息。

运转引擎层的第一部分就是事件处理引擎。这一引擎的核心就是所谓的"事件处理管道"。这一管道为 RFID 业务处理流程提供了一个电子标签读取事件的执行和处理机制，该机制把所有的阅读器进行逻辑分组，如分为运送阅读器、接收阅读器、后台存储阅读器和前台存储阅读器等。通过使用 RFID 对象模型和七大软件开发工具，应用程序开发者可以构建一棵事件处理进程树，从而使复杂的事件处理流程被刻画得一目了然。通过采用事件处理引擎，应用软件开发者可以把精力集中于构造处理 RFID 数据的业务逻辑，而不是担心那些部署在系统各个环节的物理设备是否运转正常——这些问题已经在系统运行时被很好地解决了。与此同时，最终用户可以真正自由地获取通过处理 RFID 数据所带来的商业利益，而不再终日与设备驱动程序缠斗在一起。所有这一切为处理 RFID 业务信息提供了一条独一无二的"一次写入，随处使用"的便捷途径。

另一个事件处理引擎的关键组件是事件处理器。事件处理器也是可扩展的程序构件，它允许应用程序开发商设定特殊的逻辑结构来处理和执行基于实际业务环境的分布式 RFID 事件。为了能设计出灵活性和扩展性好的组件，事件处理器的设计者使用了预先封装好的规范化电子标签处理逻辑，这些逻辑可以自动地依据事件处理执行策略（这些策略都是由业务规则决定的）处理电子标签读取事件所获得的数据，这些处理通常包括筛选、修正、转换和报警等。这样一来，所有电子标签上的数据就可以通过中间件的工作流服务产品融入原有应用系统的工作流程以及人工处理流程了。

运行引擎层的第二个主要组成部分就是设备管理套件。这一部分主要负责保障所有的设备在同一个运行环境中具有可管理性。设备管理套件可以为最终用户提供监控设备状态、查看和管理设备配置信息、安全访问设备数据、在整体架构中管理（增加、删除、修改名称）设备以及维护设备的连接稳定等服务。

（3）OM/APIs 层。RFID 中间件框架提供了 OM（对象模型）和 APIs（应用程序开发接口集）来帮助应用程序开发商设计、部署和管理 RFID 解决方案。它包括了设计和部署"事件处理管道"所必需的工具，而"事件处理管道"是将未经处理的 RFID 事件数据过滤、聚集和转换成为业务系统可以识别的信息所必备的软件组件。通过使用 OM 和 APIs，应用程序开发商可以创建各种各样的软件工具来管理 RFID 中间件基础框架。OM 提供了很多非常有用的程序开发接口，它包括了设备管理、处理过程设计、应用部署、事件跟踪以及健壮性监测。这些应用程序接口不但对快速设计和部署一个端到端 RFID 处理软件大有裨益，而且可以使应用程序在整个应用软件生命周期得到更有效的管理。

（4）设计工具和适配器层。开发者在开发不同类型的业务处理软件时，可以从 RFID 中间件基础框架的设计工具和适配器层获得一组对开发调试很有帮助的软件工具。这些工具中的设计器可以为创建一个 RFID 业务处理过程提供简单、直观的设计模式。适配器可以帮助整合服务器软件和业务流程应用软件的软件实体，使得若干个通过 RFID 信息传递来完成业务协作的应用软件形成一个有机的整体。通过使用这些工具，微软的合作伙伴可以开发出各种各样具有广泛应用前景的应用程序和业务解决方案。通过使用 RFID 技术可以使整个物流变得一目了然，因而系统集成商和应用程序开发商可以在众多需要使用 RFID 技术的领域创建客户所需要的业务应用软件，这些领域包括资产管理、仓储管理、订单管理、运输管理等。

14.2 系统设计

14.2.1 系统功能设计

RFID 中间件系统位于各应用系统与物理感知层之间，主要完成对硬件设备的统一管理，负责对数据的采集与过滤，形成有效的信息传给上层应用。

第 14 章 基于 REST 架构的 RFID 中间件设计与开发

1．系统设置功能

该功能主要设置接收数据服务器的 IP 和端口。当中间件系统接收到数据之后，会将数据发送到数据服务器进行存储，并对不同的应用系统提供对外接口，实现数据共享。

2．设备管理功能

在 RFID 设备管理界面中主要实现读写器的添加、更改和删除操作。

3．数据接收功能

利用数据接收功能可以选择指定的读写器，打开的读写器将接收数据并将数据发送到数据服务器中。

14.2.2 系统架构设计

图 14-1 是对中间件系统的关键架构的说明，系统分为三层，自底向上依次为感知层、设备控制层、数据服务层。最底层是感知层，由不同类型的读写器组成，不同的读写器通过不同的连接方式与设备控制层相连，并发送底层采集的数据。再往上是设备控制层，负责控制分布在异地的多种型号的读写器，设备控制层是整个中间件的基础，它来屏蔽不同厂家、各种型号读写器之间的差异，向设备控制层提供精确的实时的原始数据。再往上是数据服务层，负责处理来自设备控制层的原始数据，原始数据经过过滤处理后以标准的格式存储在数据服务器中，数据服务器通过响应应用层的请求或者主动地将数据通过拉服务和推服务传送和发布给上层应用系统。

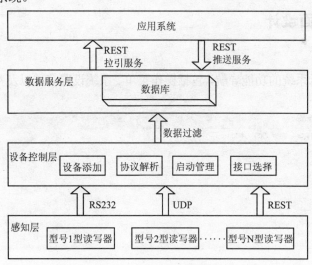

图 14-1 系统详细架构图

在本系统中，各个应用获取各种资源的方式主要有如下几类。

（1）获取标签：这里数据的传输会通过两种方式——REST 服务和 UDP 数据服务（适合于大量数据的传输）。REST 服务用于发送命令到读写器管理系统，读写器管理系统则控制具体的 RFID 读写器，接收具体读写器的信息，并转发给具体的应用；应用通过 UDP 数据服务接收标签信息。

（2）控制 RFID 设备：通过 REST 服务发送命令至显示设备管理系统，显示设备管理系统识别命令后更改具体的设备状态。

14.2.3 系统数据库设计

1．设备信息表（见表 14-1）

表 14-1 设备信息表

字 段 名 称	数 据 类 型	长 度	主/外键（Pk/Fk）	是否允许为空（Y/N）
设备名称	varchar	24	Pk	N
IP 地址	varchar	50		N
端口	varchar	10		N
数据标识	varchar	50		N
目标 IP	varchar	50		N
发送间隔	varchar	50		N
发送类型	varchar	50		N
备注	varchar	50		N

2．数据信息表（见表 14-2）

表 14-2 数据信息表

字 段 名 称	数 据 类 型	长 度	主/外键（Pk/Fk）	是否允许为空（Y/N）
数据源 IP	varchar	24	Pk	N
数据类型	varchar	50	Pk	N
时间	varchar	50	Pk	N

14.2.4 系统界面设计

1．系统主界面

系统主界面显示系统的功能导航，包括操作菜单、系统设置菜单以及帮助菜单，如图 14-2 所示。

图 14-2 系统主界面

2. 系统设置界面

系统设置菜单通过系统设置页面,能够设置接收数据的服务器 IP 和端口,如图 14-3 所示。

图 14-3　系统设置界面

3. 读写器管理界面

读写器管理界面主要实现对读写器基本信息的添加、修改、删除等,如图 14-4 所示。界面左边的树形菜单显示了当前系统注册的读写器信息。

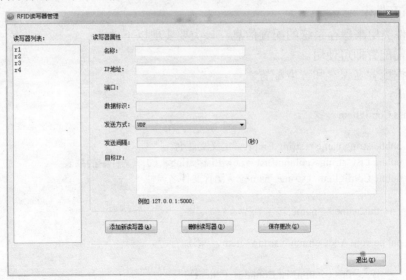

图 14-4　读写器管理界面

4. 数据接收界面

当读写器启动运行后就会显示数据接收界面,数据接收界面主要显示读写器数据接收与转发处理的状态,如图 14-5 所示。

图 14-5　数据接收界面

14.3　系统关键代码实现

14.3.1　系统设置功能

1．配置文件类

配置文件类用来保存系统的配置信息。该类要实现以下功能：
（1）无需配置即可使用。
（2）根据配置名保存和读取配置。
代码如下：

```
public class ConfigItem
    {
        public string name = string.Empty;//定义文件名
        public List<string> columnList = new List<string>(); //文件中的列表
        public ConfigItem（string _name）//配置文件名属性
        {
            this.name = _name;
        }
        public void AddColumn（string _item）//添加行
        {
            if （!this.columnList.Contains（_item））
            {
                this.columnList.Add（_item）;
            }
        }
    }
    public class ConfigDB//构造函数
```

```csharp
{
    static bool bInitialled = false;
    static string configFile = "config.xml";
    static DataSet ds = null;
    static List<ConfigItem> itemList = new List<ConfigItem> ();
    public static DataTable getTable (string tbName)
    {
        if (initialDB ())
        {
            return ds.Tables[tbName];
        }
        return null;
    }
    public static void addConfigItem (ConfigItem _item)
    {
        if (!itemList.Contains (_item))
        {
            itemList.Add (_item);
        }
    }
    static bool initialDB ()
    {
        if (bInitialled == true)
        {
            return true;
        }
        else
        {
            try
            {
                ds = new DataSet ("nsConfig");
                ds.Namespace = "";
                if (!File.Exists (configFile))
                {
                    ds.WriteXml (configFile);
                }
                else
                {
                    ds.ReadXml (configFile);
                }
                if (ds.Tables.IndexOf ("config") == -1)
                {
                    DataTable dt = new DataTable ("config");
                    dt.Columns.Add ("key", typeof (string));
                    dt.Columns.Add ("value", typeof (object));
                    ds.Tables.Add (dt);
                }
                configDB ();
                bInitialled = true;
            }
```

```csharp
            catch
            {
                return false;
            }
        }
        return true;
    }
    static void configDB()//初始化
    {
        foreach (ConfigItem _configItem in itemList)
        {
            if (ds.Tables.IndexOf(_configItem.name) == -1)
            {
                DataTable dt = new DataTable(_configItem.name);
                dt.Columns.Add("key", typeof(string));
                foreach (string s in _configItem.columnList)
                {
                    dt.Columns.Add(s, typeof(string));
                }
                ds.Tables.Add(dt);
            }
        }
    }
    public static bool saveConfig(string _key, object _value)//保存配置文件，按照键和值保存
    {
        bool bR = true;
        if (initialDB())
        {
            DataTable dt = ds.Tables["config"];
            DataRow[] rows = dt.Select("key = '" + _key + "'");
            if (rows.Length > 0)
            {
                rows[0]["value"] = _value;
            }
            else
            {
                dt.Rows.Add(new object[] { _key, _value });
            }
            ds.WriteXml(configFile);
        }
        return bR;
    }
            //根据表名、键值保存数据
    // </summary>
    //<param name="tableName">表名</param>
    //<param name="_key">键值</param>
    //<param name="values">要保存的数据，不包含键值</param>

    public static bool saveConfig(string tableName, string _key, string[] values)//保存配置文件，按照表名和键值保存
```

```csharp
{
    bool bR = true;
    if （initialDB（））
    {
        DataTable dt = ds.Tables[tableName];
        DataRow[] rows = dt.Select（"key = '" + _key + "'"）;
        if （rows.Length > 0）
        {
            for （int i = 0; i < dt.Columns.Count - 1; i++）
            {
                rows[0][i + 1] = values[i];
            }
        }
        else
        {
            object[] array = new object[dt.Columns.Count];
            array[0] = _key;
            for （int i = 0; i < dt.Columns.Count - 1; i++）
            {
                array[i + 1] = values[i];
            }
            dt.Rows.Add（array）;
        }
        ds.WriteXml（configFile）;
    }
    return bR;
}
public static string[] getConfig（string tableName, string _key）//根据表名和键值提取数据
{
    string[] items;
    //object oR = null;
    if （initialDB（））
    {
        DataTable dt = ds.Tables[tableName];
        DataRow[] rows = dt.Select（"key = '" + _key + "'"）;
        if （rows.Length > 0）
        {
            DataRow dr = rows[0];
            object[] array = dr.ItemArray;
            items = Array.ConvertAll(array, new Converter<object, string>(objectToString));
            return items;
            //oR = rows[0]["value"];
        }
    }
    return null;
}
public static object getConfig（string _key）
{
    object oR = null;
    if （initialDB（））
```

```
            {
                    DataTable dt = ds.Tables["config"];
                    DataRow[] rows = dt.Select（"key = '" + _key + "'"）;
                    if （rows.Length > 0）
                    {
                         or = rows[0]["value"];
                    }
            }
            return or;
    }
        static string objectToString（object o）
        {
            return （string）o;
        }
    }
}
```

2．窗体构造函数

代码如下：
```
 public frmSysSettings（）//初始化 TreeView 控件
{
 InitializeComponent（）;
System.Windows.Forms.TreeNode treeNode2 = new System.Windows.Forms.TreeNode（"系统参数"）;
System.Windows.Forms.TreeNode treeNode3 = new System.Windows.Forms.TreeNode（"常用设置", new System.Windows.Forms.TreeNode[] {treeNode2,  }）;
treeNode2.Name = "系统参数";
treeNode2.Text = "系统参数";
this.treeView1.Nodes.AddRange（new System.Windows.Forms.TreeNode[] { treeNode3}）;
treeView1.SelectedNode = treeNode2;
this.treeView1.ExpandAll（）;
this.Shown += new EventHandler（frmSysSettings_Shown）;//注册窗体的 Shown 事件
}
```

3．窗体的 Shown 事件

代码如下：
```
        void frmSysSettings_Shown（object sender, EventArgs e）//加载配置文件
        {
this.settingItem = new sysParaConfig（this.Controls, "系统参数", frmSysSettings_Click）;
this.settingItem.addControls（）;
            return;
        }
```

4．frmSysSettings_Click 事件

```
        void frmSysSettings_Click（object sender, EventArgs e）//判断配置信息是否修改
        {
            if （this.settingItem != null）
            {
                if （this.settingItem.isChanged（） == true）
                {
                    this.btnOk.Enabled = true;
```

```
        }
        else
        {
            this.btnOk.Enabled = false;
        }
    }
}
```

5. 退出按钮 Click 事件

代码如下：

```
private void btnCancel_Click（object sender, EventArgs e）
{
    this.Close（）;
}
```

6. TreeView 的 AfterSelect 事件

```
private void treeView1_AfterSelect（object sender, TreeViewEventArgs e）
{
    TreeViewAction action = e.Action;
    if （action == TreeViewAction.ByMouse）
    {
        //需要首先清楚之前添加的控件
        if （this.settingItem != null）
        {
            this.settingItem.removeControls（）;
        }
        this.btnOk.Enabled = false;
        TreeNode node = e.Node;

        if （node.Name == "常用设置"）
        {
            ISerialPortConfigItem ispci = SerialPortConfigItem.GetConfigItem
（SerialPortConfigItemName.常用串口设置）;

            this.settingItem = new sysSettingSerialPortBase（this.Controls, "常用参数设置",
ispci, frmSysSettings_Click）;
            this.settingItem.addControls（）;
            return;
        }
        if （node.Name == "网络参数"）
        {
            this.settingItem = new UdpConfig（this.Controls, "常用参数设置",
frmSysSettings_Click）;
            this.settingItem.addControls（）;
            return;
        }
        if （node.Name == "系统参数"）
        {
            this.settingItem = new sysParaConfig（this.Controls, "系统参数",
```

frmSysSettings_Click）；

```
                    this.settingItem.addControls（）；
                    return;
                }
            }
        }
```

7．应用按钮 Click 事件

代码如下：

```
        private void btnOk_Click（object sender, EventArgs e）//保存配置信息
        {
            MessageBox.Show（"更新的设置重启本应用后生效"）；
            if （this.settingItem != null）
            {
                this.settingItem.saveChanges（）；
                this.btnOk.Enabled = false;
            }
        }
```

14.3.2 读写器管理功能

1．定义公共变量

代码如下：

```
        string __port = string.Empty;//定义端口
        string __IP = string.Empty; //定义 IP 地址
        string __flag = string.Empty;//定义标识符
```

2．Form 构造函数

代码如下：

```
        public frmReaderMngment（）//构造函数，初始化下拉菜单
        {
            InitializeComponent（）；
            this.cmbSendType.Items.Clear（）；
            this.cmbSendType.Items.Add（ReaderInfo.sendTypeUDP）；//初始化下拉菜单，添加 UDP
            this.cmbSendType.Items.Add(ReaderInfo.sendTypeREST)；//初始化下拉菜单,添加 REST

            this.cmbSendType.SelectedIndex = 0;
            this.Load += new EventHandler（frmReaderMngment_Load）；
        }
```

3．加载窗体

代码如下：

```
        void frmReaderMngment_Load（object sender, EventArgs e）//加载窗体，初始化读写器列表
        {
            this.listBox1.Items.Clear（）；
            DataTable dt = nsConfigDB.ConfigDB.getTable（staticClass.readerTableName）；
            for （int i = 0; i < dt.Rows.Count; i++)
```

```
                    this.listBox1.Items.Add（dt.Rows[i]["key"].ToString（））;
                }
            }

            private void button1_Click（object sender, EventArgs e）//退出当前窗体
            {
                this.Close（）;
            }
```

4．添加读写器按钮 Click 事件

代码如下：

```
            private void button2_Click（object sender, EventArgs e）//添加读写器
            {
                if （this.checkValidation（））
                {
                    // 业务逻辑
                    // 当前读写器设置必须分为不同的 IP，并且端口必须不同，否则本系统无法区分各个读写器
                    // 发过来的数据
                    DataTable dt = nsConfigDB.ConfigDB.getTable（staticClass.readerTableName）;
                    for （int i = 0; i < dt.Rows.Count; i++）
                    {
                        DataRow dr = dt.Rows[i];
                        if （dr["key"].ToString（） == this.txtName.Text
                            || dr["ip"].ToString（） == this.__IP
                            || dr["port"].ToString（） == this.__port）
                        {
                            MessageBox.Show（"读写器的名称、IP 和端口不能重复！", "信息提示"）;
                            return;
                        }
                    }
                    //
                    nsConfigDB.ConfigDB.saveConfig（staticClass.readerTableName, this.txtName.Text,
                    new string[] { this.__IP, this.__port, this.__flag, this.cmbSendType.Text,this.txtInterval.Text, this.txtTargetIP.Text }）;

                    this.listBox1.Items.Add（this.txtName.Text）;
                    //this.btnAdd.Enabled = false;
                    staticClass.refresh_reader_dic（）;
                }
            }
```

5．判断 IP 地址是否合法

代码如下：

```
            bool checkValidation（）
            {
                if （this.txtName.Text == null || this.txtName.Text == string.Empty）
                {
                    return false;
```

```
            }
            else
            {
            }
            if (this.txtFlag.Text == null || this.txtFlag.Text == string.Empty)
            {
                //return false;
            }
            else
            {
                this.__flag = this.txtFlag.Text;
            }
            if (this.txtIP.Text == null || this.txtIP.Text == string.Empty)
            {
                MessageBox.Show ("必须填写读写器 IP 地址!","异常提示");
                return false;
            }
            else
            {
                try
                {
                    string str = this.txtIP.Text;
                    IPAddress ip = IPAddress.Parse (str);
                    this.__IP = str;
                    //MessageBox.Show ("IP 地址填写不符合规定!","异常提示");
                }
                catch (System.Exception ex)
                {
                    MessageBox.Show ("IP 地址填写不符合规定," + ex.Message, "异常提示");
                    return false;
                }
            }
            if (this.txtPort.Text == null || this.txtPort.Text == string.Empty)
            {
                MessageBox.Show ("必须填写读写器 IP 地址!","异常提示");
                return false;
            }
            else
            {
                try
                {
                    string str = this.txtPort.Text;
                    int port = int.Parse (str);
                    this.__port = str;
                    //MessageBox.Show ("端口填写不符合规定!","异常提示");
                }
                catch (System.Exception ex)
                {
                    MessageBox.Show ("端口填写不符合规定," + ex.Message, "异常提示");
                    return false;
```

```csharp
                    }
                }
                if (this.txtTargetIP.Text != null && this.txtTargetIP.Text.Length > 0)
                {
                    try
                    {
                        string[] ips = this.txtTargetIP.Text.Split（';'）;
                        for （int i = 0; i < ips.Length; i++）
                        {
                            string[] ip_and_port_s = ips[i].Split（':'）;
                            if （ip_and_port_s.Length < 2）
                            {
                                continue;
                            }
                            IPAddress ip = IPAddress.Parse（ip_and_port_s[0]）;
                            int port = int.Parse（ip_and_port_s[1]）;
                        }
                    }
                    catch （System.Exception ex）
                    {
                        MessageBox.Show（"目标 IP 地址格式错误,多个 IP 之间使用分号隔开","异常提示"）;
                        return false;
                    }
                }
                if (this.txtInterval.Text != null && this.txtInterval.Text.Length > 0)
                {
                    try
                    {
                        int interval = int.Parse（this.txtInterval.Text）;
                    }
                    catch （System.Exception ex）
                    {
                        MessageBox.Show（"发送数据时间间隔设置有误, " + ex.Message, "异常提示"）;
                        return false;
                    }
                }
                return true;
            }
        }
```

6．删除读写器按钮 Click 事件

代码如下：

```csharp
        private void btnDelete_Click（object sender, EventArgs e）
        {
            if （this.txtName.Text == null
                || this.txtName.Text == string.Empty）
            {
                return;
```

```
            }
            DialogResult result = MessageBox.Show（"确定删除名称为" + this.txtName.Text + "的读
写器吗？"，"信息提示", MessageBoxButtons.YesNo）；
            if （result == DialogResult.Yes）
            {
                DataTable dt = nsConfigDB.ConfigDB.getTable（staticClass.readerTableName）；
                DataRow[] rows = dt.Select（string.Format（"key = '{0}'", this.txtName.Text））；
                if （rows.Length > 0）
                {
                    dt.Rows.Remove（rows[0]）；
                }
                frmReaderMngment_Load（null, null）；
            }
        }
```

7. 保存按钮 Click 事件

代码如下：

```
        private void btnSave_Click（object sender, EventArgs e）
        {
            if （this.checkValidation（））
            {
                DataTable dt = nsConfigDB.ConfigDB.getTable（staticClass.readerTableName）；
                for （int i = 0; i < dt.Rows.Count; i++）
                {
                    DataRow dr = dt.Rows[i];
                    if （（dr["ip"].ToString（） == this._IP || dr["port"].ToString（） == this._port）
                        && dr["key"].ToString（） != this.txtName.Text）
                    {
                        MessageBox.Show（"读写器的名称、IP 和端口不能重复！", "信息提示"）；
                        return；
                    }
                }
            bool b= nsConfigDB.ConfigDB.saveConfig（staticClass.readerTableName, this.txtName.Text,
                        new string[] { this._IP, this._port, this._flag,
                this.cmbSendType.Text,this.txtInterval.Text, this.txtTargetIP.Text }）；
                if （b == true）
                {
                    MessageBox.Show（"修改保存成功！", "信息提示"）；
                }
                else
                {
                    MessageBox.Show（"修改保存时出现异常！", "信息提示"）；
                }
                staticClass.refresh_reader_dic（）；
            }
        }
```

8. listBox1_SelectedIndexChanged 事件

代码如下：

```
        private void listBox1_SelectedIndexChanged（object sender, EventArgs e）
```

第 14 章　基于 REST 架构的 RFID 中间件设计与开发

```csharp
            if (this.listBox1.SelectedIndex >= 0)
            {
string itemName = this.listBox1.Items[this.listBox1.SelectedIndex].ToString();
string[] values = nsConfigDB.ConfigDB.getConfig(staticClass.readerTableName, itemName);
                if (values != null && values.Length >= 3)
                {
                    this.txtName.Text = values[0];
                    this.txtIP.Text = values[1];
                    this.txtPort.Text = values[2];
                    this.txtFlag.Text = values[3];
                    this.cmbSendType.Text = values[4];
                    this.txtInterval.Text = values[5];
                    this.txtTargetIP.Text = values[6];
                }
            }
        }
```

9. cmbSendType_SelectedIndexChanged 事件

代码如下：

```csharp
        private void cmbSendType_SelectedIndexChanged(object sender, EventArgs e)
        {
            if (this.cmbSendType.SelectedIndex == 0)//UDP 方式
            {
                this.txtTargetIP.Enabled = true;
                this.txtInterval.Text = string.Empty;
                this.txtInterval.Enabled = false;

                this.txtFlag.Text = string.Empty;
                this.txtFlag.Enabled = false;
            }
            else//REST 方式
            {
                this.txtTargetIP.Text = string.Empty;
                this.txtTargetIP.Enabled = false;
                this.txtInterval.Enabled = true;
                this.txtFlag.Enabled = true;
            }
        }
```

14.3.3　启动读写器功能

1. 窗体初始化操作

代码如下：

```csharp
public frmStartReader()//窗体初始化操作,注册窗体显示事件
        {
            InitializeComponent();
            this.Shown += new EventHandler(frmStartReader_Shown);
        }
```

2. 窗体 Shown 事件

代码如下：

```
void frmStartReader_Shown（object sender, EventArgs e）//窗体显示事件，加载读写器名称列表
{
    this.cmbReaders.Items.Clear（）;
    Dictionary<string, ReaderInfo>.KeyCollection keys = staticClass.readerDic.Keys;
    foreach （string s in keys）
    {
        this.cmbReaders.Items.Add（s）;
    }
    this.cmbReaders.SelectedIndex = 0;
}
```

3. 选择读写器事件

代码如下：

```
private void cmbReaders_SelectedIndexChanged（object sender, EventArgs e）
{
    ReaderInfo ri = staticClass.readerDic[this.cmbReaders.Text];
    if （ri != null）
    {
        this.txtFlag.Text = ri.flag;
        this.txtIP.Text = ri.ip.ToString（）;
        this.txtPort.Text = ri.port.ToString（）;
        this.cmbSendType.Text = ri.sendType;
        this.txtTargetIP.Text = ri.ips;
        this.txtInterval.Text = ri.interval.ToString（）;
        if （ri.bRunning == true）
        {
            this.btnStart.Enabled = false;
            //this.btnStop.Enabled = true;
        }
        else
        {
            this.btnStart.Enabled = true;
        }
    }
}
```

4. 退出按钮 Click 事件

代码如下：

```
private void btnExit_Click（object sender, EventArgs e）//关闭窗体
{
    this.Close（）;
}
```

5. 启动按钮 Click 事件

代码如下：

```csharp
private void btnStart_Click（object sender, EventArgs e）//打开接收数据窗体
{
    frmReaderRunning frm = new frmReaderRunning（this.cmbReaders.Text,this）;
    this.btnStart.Enabled = false;
    frm.Show（）;
}
#region 成员
    string __reader_name;
    UDPServer __udpServer = new UDPServer（）;
    //存储接收到命令信息
    List<string> flagList = new List<string>（）;
    //Timer __timer = null;//控制器运作的引擎
    //HttpWebConnect __httpHelper = new HttpWebConnect（）;
    HttpWebConnect __httpHelperAddTags = new HttpWebConnect（）;
    //bool bRunning = false;//是否正在运行
    //string lastUpdateTimeStamp = string.Empty;
    //要上传标签的缓存池
    DataTable __dtTagTemp = new DataTable（）;
    //long __tagUploadInterval = 15000;// 对标签进行缓存，同一个标签要在一定时间之后才能重新上传

    TDJ_RFIDHelper __2300helper = new TDJ_RFIDHelper（）;
    Timer __reader2300Timer;//操作 reader2300 用
    ReaderInfo __reader_info = null;
    frmStartReader __frmReader = null;
    public Socket clientSocket = null; //The main client socket
    //public EndPoint epServer;     //The EndPoint of the server
    List<EndPoint> endpoint_list = new List<EndPoint>（）;
#endregion
public frmReaderRunning（string _reader_name, frmStartReader frmReader）
{
    InitializeComponent（）;
    this.__reader_name = _reader_name;
    this.__frmReader = frmReader;
    this.Text = "阅读器" + this.__reader_name;
    this.Shown += new EventHandler（frmReaderRunning_Shown）;
    this.FormClosing += new FormClosingEventHandler（frmReaderRunning_FormClosing）;

    __reader2300Timer = new Timer（）;
    __reader2300Timer.Interval = 500;
    __reader2300Timer.Tick += new EventHandler（_timer_get2300Tag）;
    __dtTagTemp.Columns.Add（"tag", typeof（string））;
    __dtTagTemp.Columns.Add（"time", typeof（long））;
}
void _timer_get2300Tag（object sender, EventArgs e）
{
    __udpServer.Manualstate.WaitOne（）;
    __udpServer.Manualstate.Reset（）;
    string str = __udpServer.sbuilder.ToString（）;
    __udpServer.sbuilder.Remove（0, str.Length）;
    if （this.__reader_info.sendType == ReaderInfo.sendTypeUDP）
```

```csharp
            {
                byte[] byteData = Encoding.UTF8.GetBytes（str）;
                foreach （EndPoint ep in this.endpoint_list）
                {
        clientSocket.BeginSendTo（byteData, 0,byteData.Length, SocketFlags.None,p, new AsyncCallback（OnSend）, null）;
                }
                string log = "接收到读写器数据";
                this.appendLog（log）;

            }
            else
            {
                List<TagInfo> taglist = __2300helper.getTagList（）;
                foreach （TagInfo ti in taglist）
                {
                    string log = "检测到标签 " + ti.epc;
                    this.appendLog（log）;
                    this.addTagsToServer（ti.epc）;
                }
                __2300helper.ParseDataToTag（str）;
            }
            __udpServer.Manualstate.Set（）;
        }
        private void OnSend（IAsyncResult ar）
        {
            try
            {
                clientSocket.EndSend（ar）;
            }
            catch （Exception ex）
            {
                Debug.WriteLine（
                    string.Format（"frmReaderRunning.OnSend  ->  = {0}"
                    , ex.Message））;
            }
        }
        void addTagsToServer（string tag）
        {
            //Debug.WriteLine（"addTagsToServer -> " + tag）;
            //读到一个新标签后检查缓存池，会有三种情况:
            //1 该 epc 尚未加入到缓存池中
            //2 该 epc 已经加入到缓冲池中，但是在缓冲时间之内
            //3 epc 在缓存池中，且储存时间已经超过缓冲时间
            DataRow[] rows = null;
            TimeSpan tsGap = DateTime.Now - staticClass.timeBase;
            long gap = （long）tsGap.TotalMilliseconds - this.__reader_info.interval;//距离现在差距缓
冲时间间隔的时间点
            rows = __dtTagTemp.Select（"time > " + gap + " and tag = '" + tag + "'"）;//只要大于这个
时间点说明离现在近
```

```
            if （rows.Length > 0）//说明 tag 等于 epc 的那个标签已经在缓冲时间之内，不能重新上传
            {
                return;
            }
            else
            {
                //如果尚不存在 epc，则要添加到缓冲池中
                rows = null;
                rows = this.__dtTagTemp.Select（"tag = '" + tag + "'"）;
                if （rows.Length <= 0）
                {
                    this.__dtTagTemp.Rows.Add（new object[] { tag, tsGap.TotalMilliseconds }）;
                }
                else
                {
                    rows[0]["time"] = tsGap.TotalMilliseconds;//记录从应用启动到现在的毫秒数
                }
            }
            tagID tagIDTag = new tagID（tag, DateTime.Now.ToString（"yyyy-MM-dd HH:mm:ss"）, this.__reader_info.flag）;
            string log = "发送标签 " + tagIDTag.tag + " " + tagIDTag.startTime;
            this.appendLog（log）;
            string jsonString = fastJSON.JSON.Instance.ToJSON（tagIDTag）;
            HttpWebConnect helper = new HttpWebConnect（）;
            helper.RequestCompleted += new deleGetRequestObject（helper_RequestCompleted）;
            string url = RestUrl.addScanedTag;
            helper.TryPostData（url, jsonString）;
        }
        void helper_RequestCompleted（object o）
        {
            deleControlInvoke dele = delegate（object otag）
            {
                try
                {
                    tagID tag = （tagID）fastJSON.JSON.Instance.ToObject（(string) otag, typeof（tagID））;
                    string log = "发送标签 " + tag.tag + " 成功" + " " + tag.startTime;
                    this.appendLog（log）;
                }
                catch （System.Exception ex）
                {
                }
            };
            this.Invoke（dele, o）;
        }
        void appendLog（string log）
        {
            if （this.txtLog.Text != null && this.txtLog.Text.Length > 4096）
            {
```

```
            this.txtLog.Text = string.Empty;
        }
            this.txtLog.Text = DateTime.Now.ToString（"yyyy-MM-dd HH:mm:ss"） + "  " + log + "\r\n" + this.txtLog.Text;
        }
        void frmReaderRunning_FormClosing（object sender, FormClosingEventArgs e）
        {
            this.__reader2300Timer.Enabled = false;
            ReaderInfo ri = staticClass.readerDic[this.__reader_name];
            if （ri != null）
            {
                ri.bRunning = false;
            }
            if （this.__frmReader != null）
            {
                this.__frmReader.refreshButtonStart（this.__reader_name）;
            }
        }
```

14.3.4 读写器接收数据功能

窗体的 Shown 事件

```
        void frmReaderRunning_Shown（object sender, EventArgs e）
        {
            this.matrixCircularProgressControl1.Start（）;
            ReaderInfo ri = staticClass.readerDic[this.__reader_name];//初始化读写器对象
            if （ri != null）
            {
                ri.bRunning = true;
                this.__reader_info = ri;
                if （ri.sendType == ReaderInfo.sendTypeUDP）
                {
                    clientSocket = new Socket（AddressFamily.InterNetwork,
                            SocketType.Dgram, ProtocolType.Udp）;
                    List<IP_info> infos = ri.ipList;
                    foreach （IP_info ii in infos）
                    {
                        //服务器的 IP 地址
                        IPEndPoint ipEndPoint = new IPEndPoint（ii.ipaddress, ii.port）;
                        EndPoint epServer = （EndPoint）ipEndPoint;
                        this.endpoint_list.Add（epServer）;
                    }
                    __udpServer.startUDPListening（this.__reader_info.port）;//启动 UDP 监听服务
                    this.__reader2300Timer.Enabled = true;
                }
            }
        }
```

第 15 章
基于超高频 RFID 的智能超市系统开发

15.1 背景分析

随着 RFID 技术的不断成熟与成本的不断降低，使得 RFID 技术的应用领域逐渐扩大，智能超市就是一个将 RFID 技术应用于零售业的实例，它通过整合 RFID 技术、中间件技术、无线网络技术、数据库技术等，在库存管理、销售管理、物流配送等方面降低超市成本，提高供货商对消费端的反应效率，并给用户以更好的用户体验，提高用户的忠诚度和满意度，真正将供应链转为以消费者需求为导向的运作模式，创造了一个以消费者为主导的零售关系。

智能超市主要由智能服务台、智能购物车、智能货架、智能结算通道及后台服务器组成。智能超市业务流程，如图 15-1 所示。

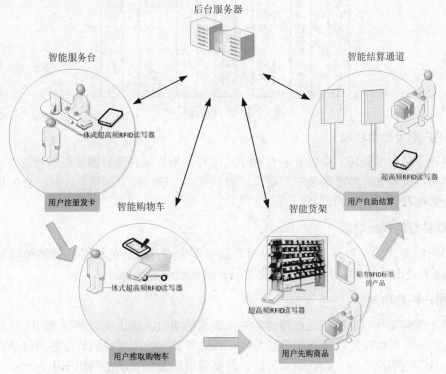

图 15-1　智能超市业务流程图

在智能超市中，商品贴有 RFID 标签，超市中的货架装有 RFID 读写器，能够智能感知货物，可以实时监控货物的种类、数量与货物的变化情况，并实时与服务器交互数据。

用户在智能服务台注册发卡，并将用户基本信息及充值金额保存到服务器。用户凭借注册的 RFID 用户卡，推取智能购物车后在购物车系统中的读卡器上刷卡登录，登录完成后进行选购商品。

选购入车内的商品，将通过射频设备模块直接读取商品信息，用户可以查看商品的详细信息，并计算总价后显示在购物车的终端屏幕上。此外，用户可以通过购物导航寻找需要购置的商品的信息，购物车导航上配置超市的电子地图。如果用户需要查询某一商品的具体位置，可以在触摸屏上查询，那么电子地图上将会显示一条找到该商品的最佳路径。

当用户购置完货物出去结账时，不需要再排着长队等候收银员扫描、结账，只需要在结账区域等候几秒钟的时间，通过智能结算通道，将购物总价传送至服务器核对打印便可以结账付款。

15.2 系统设计

15.2.1 系统功能设计

系统功能模块如图 15-2 所示。

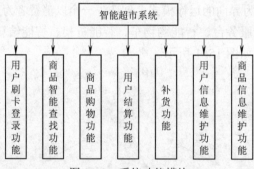

图 15-2 系统功能模块

1. 用户刷卡登录功能

当用户于超市（商场）中以安装有 RFID 读写器与智能触摸屏的智能购物车进行采购，将注册的会员卡放置在智能购物车的刷卡区时，系统会读出用户的信息，同时会根据用户的消费记录来推荐打折促销的商品。

2. 商品智能查找功能

当用户需要选购某种商品时，可根据商品类别来查找商品的位置，智能触摸屏可通过 Wi-Fi 网络来查询智能货架上商品的存货情况和具体的位置信息。

3. 用户购物功能

当用户选购某种商品时，通过智能购物车集成的 RFID 模块读取带有 RFID 标签的商品信息，透过 EPC 网络功能获得商品信息并同时通过智能购物车集成的智能触摸屏来查看商品的详细信息，当用户点击"确认购买"后，商品将被添加到系统的购物车中。

4. 用户结算功能

结算时，用户将购物车推到结算台，通过结算台的门式 RFID 读写器来读取用户所选购的商品信息，若与购物车中商品比对后无误，再确认购买，用户交款后完成交易。

5. 补货功能

当完成交易后，智能货架与后台数据库同步更新，当智能货架上的商品信息低于一定值时，则通知后台补货。

6. 用户信息维护功能

对用户基本信息的维护，包括用户信息的添加、修改、删除等。

7. 商品信息维护功能

对商品的基本信息进行维护，包括商品信息的添加、修改、删除等。

15.2.2 系统架构设计

智能超市系统架构如图 15-3 所示。智能超市系统分成感知层、中间件层、数据服务层及应用层四个层次。

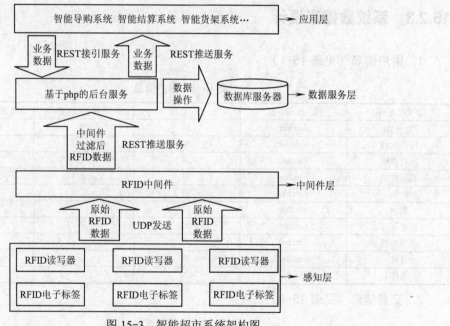

图 15-3 智能超市系统架构图

（1）感知层：本系统中，感知层主要由 RFID 读写器、无线网络底层信息采集终端组成，负责采集系统所需的基本数据、商品的状态等信息。只有感知层提供了真实可靠的数据为系统上层所用，整个系统才能有效运行。感知层位于架构最底层，在超市内的商品都贴有 RFID 标签，并通过智能货架及智能结算通道获得商品的状态信息，如商品被加入购物车、被用户查看及商品出售。系统需要获得商品最新的状态信息，并由底层的无线网络通过中间件将信息提交到数据库服务器。

（2）中间件层：本系统中，中间件完成的功能是：对以读写器为主的识别设备进行统一管理，屏蔽不同读写器之间的协议；过滤标签数据和提取有效事件数据；建立与各种操作系统及各类数据库系统的连接等。

(3)数据服务层:面向应用的数据服务层部署面向应用的服务,这些服务由应用层调用,负责接收处理应用层提交的信息,并将这些信息以服务的方式提交到服务分发平台,由服务分发平台对服务进行进一步的处理,通过该层的作用,信息才能为系统所用。在本系统中,数据服务层由 PHP 语言实现,通过 REST 服务架构实现前端应用层与数据服务层的数据交互。应用层通过 Http 协议发送的 joson 字符串经过后台服务的解析,实现对数据库的操作,并将数据库操作结果转化成 joson 字符串,通过 Http 服务返回到应用层。

(4)应用层:应用层通过调用相应服务完成各种具体应用。应用层位于架构最顶层,将物联网技术与超市管理中的具体应用相结合,实现广泛智能化超市应用的解决方案集。在本系统中,应用层主要包括用户数据维护、系统数据维护、车位数据维护和车辆数据维护。应用层对数据库的操作通过数据服务层来完成,应用层将数据库操作字符串转化成 joson 字符串并通过 Http 协议发送到后数据服务层进行处理,同时后台数据服务层将数据库操作结果通过 Http 服务返回到应用层,由应用层解析并反馈给用户。

15.2.3 系统数据库设计

1. 用户信息(见表 15-1)

表 15-1 客户信息

字段名称	数据类型	长度	主/外键(Pk/Fk)	是否允许为空(Y/N)
用户 ID	varchar	24	Pk	N
用户名称	varchar	50		N
用户密码	varchar	50		N
真实姓名	varchar	50		N
性别	varchar	50		Y
职业	varchar	50		Y
出生年月	varchar	50		Y
联系方式	varchar	50		Y
住址	varchar	50		Y
备注	varchar	400		Y

2. 交易信息(见表 15-2)

表 15-2 交易信息

字段名称	数据类型	长度	主/外键(Pk/Fk)	是否允许为空(Y/N)
用户 ID	varchar	24	Pk	N
商品 EPC	varchar	50	Fk	N
时间	varchar	50		N

3. 补货通知单信息(见表 15-3)

表 15-3 补货通知单信息

字段名称	数据类型	长度	主/外键(Pk/Fk)	是否允许为空(Y/N)
商品名称	varchar	24	Pk	N
商品数量	varchar	50	Fk	N
时间	varchar	50		N

4. 购物车信息（见表 15-4）

表 15-4　购物车信息

字段名称	数据类型	长度	主/外键（Pk/Fk）	是否允许为空（Y/N）
用户 ID	varchar	24	Pk	N
商品 SGTIN-EPC	varchar	50	Fk	N
加入时间	varchar	50		N

15.2.4　系统界面设计

1. 会员管理界面

会员管理界面主要实现对会员信息的维护功能，包括会员的发卡注册、会员信息修改与删除以及会员充值等，如图 15-4 所示。

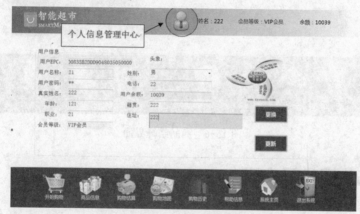

图 15-4　会员管理界面

2. 购物界面

当用户购物时，显示如图 15-5 购物界面，用户在超市中拿取商品并刷卡读取商品信息，商品的详细信息将在界面中显示，当用户确定购买该商品后，点击"添加到购物车"，则完成商品选购操作，同时商品在购物车列表中显示。

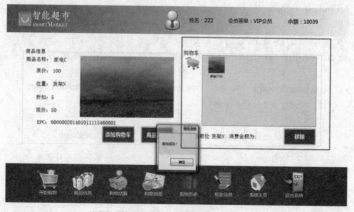

图 15-5　购物界面

3. 结算界面

商品结算界面如图 15-6 所示。当用户完成商品选购过程后，将购物车推送到结算通道；结算通道的读写器将读取购物车中的商品信息，通过中间件将商品信息发送到系统中，并与购物车列表中的商品进行比对，无误后自动扣除消费金额，完成购物环节。如果有异常（如金额不足或存在非法商品），则进行异常处理。

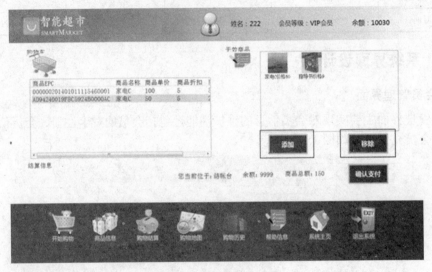

图 15-6 商品结算界面

15.3 系统关键代码实现

15.3.1 用户登录功能

1. 串口接收 RFID 及解析数据

本部分代码见第 9 章 9.4.4。

2. 读到标签后的回调函数

```
void UpdateEpcList（object o）
{
    //把读取到的标签 EPC 与产品进行关联
    deleControlInvoke dele = delegate（object oOperateMessage）
    {
        operateMessage msg = （operateMessage）oOperateMessage;
        if （msg.status == "fail"）
        {
            MessageBox.Show（"出现错误: " + msg.message）;
            return;
        }
        if （value != msg.message）
        {
            value = msg.message//接收返回的标签 EPC
```

第 15 章　基于超高频 RFID 的智能超市系统开发

```
                this.selectUEPC（value）;//利用串口返回的标签查询用户信息
            }
            else
            {
                return;
            }
        };
        this.Invoke（dele, o）;
    }
```

3．利用 EPC 查询用户信息

```
        void selectUEPC（string epc）
        {
    Users U1 = new Users（string.Empty, epc, string.Empty, string.Empty, string.Empty, string.Empty,
string.Empty, string.Empty, string.Empty, string.Empty, string.Empty, string.Empty,
string.Empty）;//实例化用户类
            string jsonString = fastJSON.JSON.Instance.ToJSON（U1）;//将实例化的用户对象转化成
JSON 字符串
            HttpWebConnect helper = new HttpWebConnect（）;
    helper.RequestCompleted+=new deleGetRequestObject（helper_RequestCompleted_getProduct）;//注册回
调函数
            string url = RestUrl.login;//后台的 URL
            helper.TryPostData（url, jsonString）;//通过 http 访问后台代码
        }
```

4．查询用户信息的回调函数

```
void helper_RequestCompleted_getProduct（object o）
        {
            deleControlInvoke dele = delegate（object ou）
            {
             string strUser =（string）ou;
            Users u2 = fastJSON.JSON.Instance.ToObject<Users>（strUser）;//解析返回的 JSON 字符串
            if（u2.state =="ok"&&falg ==false）//根据协议判断是否查询成功
                {
                    falg = true;
    rfidOperateUnitStopInventoryTag  u=new   rfidOperateUnitStopInventoryTag
（seriportClass.dataTransfer）;
                    u.OperateStart（true）;//停止读取
    WelcomUser wu = new WelcomUser（）;//实例化欢迎界面
                    wu.getEPC = u2.userEPC;//将用户信息传到新窗体
                    wu.Show（）;//显示欢迎界面
                    this.Hide（）;
                }
                else
                {
                    Debug.WriteLine（
                        string.Format（"Form1.helper_RequestCompleted_getProduct -> = {0}"
                        , "failed"））;
                }
            };
            this.Invoke（dele, o）;
```

5. 后台查询用户函数实现

代码如下：

```php
public function getUser（）
    {
        $jsonInput = file_get_contents（"PHP://input"）;
        $jsonInput=$this->checkUTF8（$jsonInput）;
        $decodedUser=json_decode（$jsonInput）;
        $userEPC = $decodedUser->userEPC;
        //$userEPC = "123";
        $M = new Model（）;
        if （C（'DB_TYPE'）== 'Sqlsrv'） {
$sql = "SELECT 用户名称 as userName,用户 EPC as userEPC,用户密码 as userPsw,真实姓名 as userRname,性别 as userSex,职业 as userJob,生日 as userBitrh,照片 as userPic,地址 as userAdd,电话 as userTel,籍贯 as userJG,余额 as userYE,会员等级 as userLevel FROM users where 用户 EPC = '$userEPC';";

            $list = $M->query（$sql）;//执行 SQL 语句
            if （count（$list）>0） {
                require_once（'class.User.PHP'）;
                $user = new User（
                    $list[0]['userName'],
                    $list[0]['userEPC'],
                    $list[0]['userPsw'],
                    $list[0]['userRname'],
                    $list[0]['userSex'],
                    $list[0]['userJob'],
                    $list[0]['userBitrh'],
                    $list[0]['userPic'],
                    $list[0]['userAdd'],
                    $list[0]['userTel'],
                    $list[0]['userJG'],
                    $list[0]['userYE'],
                    $list[0]['userLevel']
                ）;
                $user->state="ok";
            }
            $foo_json = json_encode（$user）;//将 user 类转化成 Json 字符串
            echo $foo_json;//返回 Json 字符串
            return;
    }
```

15.3.2 用户结算功能

1．加载非法商品

用户选取但没有在系统中完成添加购物车操作的商品。代码如下：

```
void loadWXProInfor（string PEPC）   //加载非法的商品
    {
```

```csharp
                productInfoshows P = new productInfoshows（PEPC, string.Empty, string.Empty,
string.Empty, string.Empty, string.Empty, string.Empty）;//初始化商品类
                service sv = new service（）;
                sv.getService（P, RestUrl.getProductInfoShow, helper_RequestCompleted_getProduct）;
        }
        void helper_RequestCompleted_getProduct（object o）
        {
                deleControlInvoke dele = delegate（object ou）
                {
                        string strUser = （string）ou;
                        Debug.WriteLine（
                                string.Format（"Form1.helper_RequestCompleted_getProduct-> response = {0}"
                                , strUser））;
            productInfoshows p2 = fastJSON.JSON.Instance.ToObject<productInfoshows>（strUser）;
//解析返回的 Json 字符串
                        if（p2.state == "ok"）
                        {
                                bool falg = true;
                                this.resetState.WaitOne（）;
                                this.resetState.Reset（）;
                                foreach（ListViewItem lVI in listView1.Items）//判断商品是否已存在 listView1 中
                                {
                                        string s1 = lVI.SubItems[0].Text.ToString（）;//ID
                                        int len = s1.Length;
                                        string ui = s1.Substring（0, 24）;
                                        if（s1 == p2.productEPC）
                                        {
                                            falg = false;
                                            break;
                                        }
                                }
                                if（falg）//将不存在 listView1 中的商品加入 listView1 中
                                {
                                        ListViewItem lv = new ListViewItem（p2.productEPC）;
                                        lv.SubItems.Add（p2.productName）;
                                        lv.SubItems.Add（p2.productprice）;
                                        lv.SubItems.Add（p2.Discount）;
                                        lv.SubItems.Add（(Convert.ToDouble（p2.productprice） * Convert.ToDouble
（p2.Discount）/ 10).ToString（））;
                                        lv.BackColor = Color.Pink;
                                        listView1.Items.Add（lv）;
                                        publicForm.Location = "结账台";
                                        labelLocation.Text = publicForm.Location;
                                }
                                this.resetState.Set（）;
                        }
                        else
                        {
                                Debug.WriteLine（
                                        string.Format（"Form1.helper_RequestCompleted_getProduct -> = {0}"
```

```
                , "failed"));
            }
        };
        this.Invoke（dele, o）;
    }
```

2．加载购物车中的商品

从购物车中加载用户选中的商品，通过与门禁读写器的对比，确认用户购物车中的商品与系统购物车中的商品保持一致。代码如下：

```
void loadShoppingCar（）//加载购物车
{
    usershoppingCar us = new usershoppingCar（）;
    us.userEPC = getEPC;
    string jsonString = fastJSON.JSON.Instance.ToJSON（us）;
    HttpWebConnect helper = new HttpWebConnect（）;
    string url = RestUrl.getAllGouwuche;
    helper.RequestCompleted += new deleGetRequestObject（helper_RequestCompleted_loadShoppingCar）;
    helper.TryPostData（url, jsonString）;
}
void helper_RequestCompleted_loadShoppingCar（object o）//加载购物车方法的回调函数
{
    deleControlInvoke dele = delegate（object oProductList）
    {
        string strProduct = （string）oProductList;
        object olist = fastJSON.JSON.Instance.ToObjectList（strProduct, typeof（List<usershoppingCar>）, typeof（usershoppingCar））;//解析返回的json类

        ctrList.Items.Clear（）;
        decimal Totalprice = 0;
        foreach（usershoppingCar g in （List<usershoppingCar>）olist）
        {
            ListViewItem lv = new ListViewItem（g.productEPC）;
            lv.SubItems.Add（g.productName）;
            lv.SubItems.Add（g.productPrice）;
            lv.SubItems.Add（g.discount）;
            lv.SubItems.Add（g.productMoney）;
            Totalprice += Convert.ToDecimal（g.productMoney）;
            if（inTags（g.productEPC））
                lv.BackColor = Color.Pink;
            ctrList.Items.Add（lv）;
        }
        label4.Text = Totalprice.ToString（）;
    };
    this.Invoke（dele, o）;
}
```

3. 将非法商品加入到购物车

在自助结算的过程中，为避免用户将没有加入购物车操作的商品带出超市，需要将非法商品加入购物车之后才能完成结算操作。代码如下：

```
private void button1_Click（object sender, EventArgs e）
    {
        if（listView1 .Items .Count ==0）return ;
        if （this.listView1.SelectedItems.Count != 1）
        {
            MessageBox.Show（"请选选中一件商品！"）；
            return;
        }
         index = this.listView1.SelectedItems[0].Index;
        string pid = listView1.Items[index].Text;
        try
        {
//读取当前选中的 listView 中的商品
            string time = DateTime.Now.ToString（）;
            string money = listView1.Items[index].SubItems[4].Text.ToString（）;
            string pname = listView1.Items[index].SubItems[1].Text.ToString（）;
            string price = listView1.Items[index].SubItems[2].Text.ToString（）;
            string discount = listView1.Items[index].SubItems[3].Text.ToString（）;
            if （true ）
            {
                 addGWC（pid, getEPC, money）;//将选中的商品添加到购物车
            }
        }
        catch （Exception ex）
        {
            MessageBox.Show（ex.ToString（））
        }
    }
```

4. 用户结算完成

当用户购物车中没有非法商品时，点击"结算"按钮完成结算操作，包括系统购物车与超市在架商品信息的更新与交易记录的添加等操作。代码如下：

```
private void button2_Click（object sender, EventArgs e）
    {
        bool isPink = false;
        if （listView1.Items.Count > 0）
        {
            MessageBox.Show（"存在非法商品！"）；
            isPink = true;
            return;
        }
        foreach （ListViewItem lVI in ctrList.Items）
        {
            if （lVI.BackColor != Color.Pink）//判断是否变为粉色，如果不为粉色，说明门禁读写器没有读到此商品
            {
```

```
                    isPink = true;
                    return;
                }
            }
            if (!isPink)   //为粉色，说明门禁读写器匹配成功
            {
                string price = label4.Text.ToString（）;
                string Ye = labeYE.Text.ToString（）;
                YE = string.Empty;
                if （(Convert.ToDouble（Ye） > Convert.ToDouble（price)))
                {
                    YE = (Convert.ToDouble（Ye） - Convert.ToDouble（price)).ToString（）;
                }
                else
                {
                    MessageBox.Show（"余额不足，请先充值！"）;
                    return;
                }
                int i = this.ctrList.Items.Count;
                if （i > 0）
                {
                    for （int j = 0; j < i; j++）
                    {
                        string PEPC = ctrList.Items[j].SubItems[0].Text.ToString（）;
                        string PName = ctrList.Items[j].SubItems[1].Text.ToString（）;
                        addJYinfor（PEPC, PName, getEPC, DateTime.Now.ToString（））;//添加到
交易表中
                        deletProducts（PEPC）;//从在架商品中移除记录
                        deletShoppingCar（PEPC）;//从购物车中移除记录

                    }
                    getUInfor（）;
                }
essageBox.Show("结算成功!谢谢惠顾！"）;
            }
        }
```

第 16 章
基于 GIS/GPS/GPRS 技术的运输监控系统开发

16.1 背景分析

在当前信息时代的社会中，交通运输的合理调度和管制是一个提高运输效率的现实问题，也是促进社会生产、方便人类生活的现实问题，如出租车的调度管理、公共汽车的合理调度、公安警车的调度和指挥、运钞车的监控、各行业运输车辆的监控调度等。一方面，需要车辆实时向监控中心报告自己的位置；另一方面，监控中心可实时查询各车辆的位置，以便及时指挥调度或处理突发事件。

GPS 车辆监控系统是把全球卫星定位技术、地理信息技术和全球移动通信技术综合在一起的高科技系统。其主要功能是将装有 GPS 接收机的移动目标的动态位置（经度、纬度）、时间、状态等信息，实时地通过无线通信链路传送至监控中心，而后在具有强大地理信息查询功能的电子地图上进行移动目标运动轨迹的显示，并对目标的位置、速度、运动方向、车辆状态等用户感兴趣的参数进行监控和查询，为运输企业调度管理提供可视化依据，提高车辆的运营效率，并确保运输车辆的安全。GPS 车辆监控系统包括监控中心、车载终端（Mobile Station，MS）以及连接车载终端和监控中心的通信链路。车载终端的 GPS 接收机接收卫星每秒钟发来的定位数据，并根据从四颗以上不同卫星发来的数据计算出自身所处地理位置的坐标。坐标数据以短消息或者 GPRS 的形式将车辆的位置、状态、报警器和传感器输入等信息发送到监控中心（利用短消息发送时，要先发至 GSM 移动通信网的短信息中心，短信息中心将接收到的信息途经短信服务器通过 DDN 专线再传送到监控中心），监控中心处理之后与计算机系统上的 GIS 地图进行匹配，在地图上动态显示坐标的位置，从而实现对车辆的状态监控。同时，监控中心还可利用无线通信手段对各移动车辆进行调度指挥。当车辆遇到紧急情况时，通过车载终端采用自动或手动报警，GPS 车辆监控系统会将该车辆所在位置、报警类型等数据通过无线网络发送至监控中心，经数据处理后及时将事发车辆的精确位置在地图上以醒目的标记图标显示出来，从而得以及时处理。GPS 是由美国军方进行运营维护的，而 GPS 定位信息的采集功能也已经模块化了，即所谓的 GPS 模块，不需要单独设计。无线通信网络和有线通信网络是由中国移动进行运营维护的，只需要考虑车载终端和监控中心与它们的通信接口实现即可。

移动端 GPS 接收机接收 GPS 卫星信号，经过解算后得到移动端的经度、纬度、速度及时间信息，这些数据同移动端采集到的状态信息，利用 GPRS 短消息或 GPRS 的数据业务，按规定的协议打包后发回监控端。监控端对收到的数据包进行分解，将跟踪点的经纬度坐标进行坐标转换和投影变换，将其转换到电子地图所采用的平面坐标系统中，然后在电子地图上实时、动态、直观地显示出来；对移动端发回的其他数据进行格式化，按统一的数据格式进行存储。监控端发给移动端的监控命令或其他数据，也是按规定的协议打包，然后通过 GPRS 的数据业务发给移动端执行。

车辆监控系统的成功开发，将大大提高车辆运行的安全性，增强处理突发事件的能力。增强客、货运输业的竞争能力，有效降低车辆空载率，提高车辆的运营效益，增强显著的社会效益和经济效益。

16.2 系统设计

16.2.1 系统功能设计

整个车辆监控系统中的核心部分是监控中心，该部分的主要功能有以下几个方面：

1. **车辆监控**

控制中心可通过车辆定位信息掌握车辆分布状况，包括车辆的速度及运输状态等，同时系统实时接收移动车辆的定位数据，并将其通过坐标转换，由地理坐标转变为屏幕坐标，在地图上以一定的符号显示出来。

2. **历史回放**

根据用户输入的时间段，在数据库中查询历史数据，然后在界面地图上重绘车辆历史行驶轨迹。

3. **车辆信息管理**

对系统内注册的车辆进行管理，维护车辆的基本信息，包括车辆类型、车牌号、车载终端编号、司机编号、车主编号等。

4. **司机信息管理**

对系统内注册的司机信息进行管理，维护司机的基本信息，包括司机姓名、编号、电话等信息。

基于 GIS/GPS/GPRS 技术的运输监控系统总体功能如图 16-1 所示。

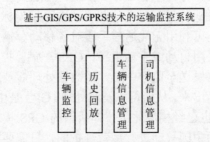

图 16-1　基于 GIS/GPS/GPRS 技术的运输监控系统总体功能

16.2.2 系统架构设计

基于 GIS/GPS/GPRS 技术的运输监控系统采用基于 REST 风格的系统架构，如图 16-2

所示。

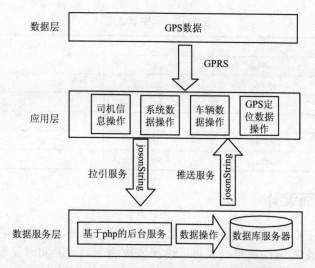

图 16-2 基于 GIS/GPS/GPRS 技术的运输监控系统架构图

16.2.3 系统数据库设计

1. 车辆信息表（见表 16-1）

表 16-1 车辆信息表

字段名称	数据类型	长度	主/外键（PK/FK）	是否允许为空（Y/N）
车辆 EPC	varchar	24	PK	N
车牌号码	varchar	20		N
车型	varchar	20		Y
生产厂家	varchar	50		Y
车辆类别	int	4		Y
备注	varchar	50		Y

2. 司机信息表（见表 16-2）

表 16-2 司机信息表

字段名称	数据类型	长度	主/外键（PK/FK）	是否允许为空（Y/N）
司机 ID	varchar	10	PK	N
姓名	varchar	20		Y
年龄	varchar	50		Y
性别	int	4		Y
联系电话	varchar	50		Y
备注	varchar	50		Y

3. 运输状态表（见表16-3）

表16-3 运输状态表

字 段 名 称	数 据 类 型	长 度	主/外键（PK/FK）	是否允许为空（Y/N）
车辆ID	varchar	20	FK	N
位置	varchar	50		Y
速度	varchar	50		Y
车辆状态	varchar	50		Y
时间	varchar	30		Y
备注	varchar	50		Y

16.2.4 系统界面设计

车辆监控界面主要实现将车辆的定位数据实时显示，并与车辆信息关联的功能，如图16-3所示。通过界面左侧的树形列表可以选择监控的车辆，并实时显示在右侧的地图上。

图16-3 车辆监控界面

16.3 系统关键代码实现

16.3.1 地图界面初始化

在窗体添加gMapControl控件gMapControl1，并设置相应的参数，实现地图的加载。代码如下：

```
private void InitMapControl()
{
    this.gMapControl1.Manager.Mode = AccessMode.ServerAndCache;
```

```csharp
            this.gMapControl1.MapType = MapType.GoogleMapChina;
            this.gMapControl1.MaxZoom = 18;
            this.gMapControl1.MinZoom = 8;
            this.gMapControl1.Zoom = 13;
    this.gMapControl1.MouseMove += new
MouseEventHandler（gMapControl1_MouseMove）;
    this.gMapControl1.DoubleClick += new
EventHandler（gMapControl1_DoubleClick）;
    this.gMapControl1.MouseDown += new
MouseEventHandler（this.MainMap_MouseDown）;
    this.gMapControl1.MouseUp += new
     MouseEventHandler（this.MainMap_MouseUp）;
    this.gMapControl1.OnCurrentPositionChanged+=new
CurrentPositionChanged（this.MainMap_OnCurrentPositionChanged）;
    this.gMapControl1.OnTileLoadStart += new
TileLoadStart（this.MainMap_OnTileLoadStart）;
    this.gMapControl1.OnTileLoadComplete+=new TileLoadComplete
（this.MainMap_OnTileLoadComplete）;

    this.gMapControl1.OnMarkerClick += new
     MarkerClick（this.MainMap_OnMarkerClick）;
    this.gMapControl1.OnMapZoomChanged+=new   MapZoomChanged
（this.MainMap_OnMapZoomChanged）;
    this.gMapControl1.OnMapTypeChanged+=new   MapTypeChanged
（this.MainMap_OnMapTypeChanged）;
            this.routes = new GMapOverlay（this.gMapControl1, "routes"）;
            this.gMapControl1.Overlays.Add（this.routes）;
            this.objects = new GMapOverlay（this.gMapControl1, "objects"）;
            this.gMapControl1.Overlays.Add（this.objects）;
            this.top = new GMapOverlay（this.gMapControl1, "top"）;
            this.gMapControl1.Overlays.Add（this.top）;
            this.currentMarker = new GMapMarkerGoogleRed（this.gMapControl1.CurrentPosition）;
            this.top.Markers.Add（this.currentMarker）;
            this.center = new GMapMarkerCross（this.gMapControl1.CurrentPosition）;
            this.top.Markers.Add（this.center）;
            this.myShop = new GMapOverlay（this.gMapControl1, "myShop"）;
            this.gMapControl1.Overlays.Add（this.myShop）;
            DisplayMyShop（）;
            SetZoomCenter（）;
            this.gMapControl1.DragButton = MouseButtons.Left;
        }
```

16.3.2 保存截图的操作

对于当前地图显示的信息进行保存。代码如下：

```csharp
        private void tsbSavePicture_Click（object sender, EventArgs e）
        {
            try
            {
                using （SaveFileDialog dialog = new SaveFileDialog（））
```

```
                {
                    dialog.Filter = "PNG （*.png)|*.png";
                    dialog.FileName = "GMap.NET image";
                    Image image = this.gMapControl1.ToImage（）;
                    if （image != null）
                    {
                        using （image)
                        {
                            if （dialog.ShowDialog（） == DialogResult.OK）
                            {
                                string fileName = dialog.FileName;
                                if （!fileName.EndsWith（".png",
StringComparison.OrdinalIgnoreCase））
                                {
                                    fileName += ".png";
                                }
                                image.Save（fileName）;
                                MessageBox.Show（"图片已保存： " + dialog.FileName,
"GMap.NET", MessageBoxButtons.OK, MessageBoxIcon.Asterisk）;
                            }
                        }
                    }
                }
                catch （Exception exception）
                {
                    MessageBox.Show（"图片保存失败： " + exception.Message, "GMap.NET",
MessageBoxButtons.OK, MessageBoxIcon.Hand）;
                }
```

16.3.3 地址查询并绘制图标的代码

代码如下：
```
        private void btnSearch_Click（object sender, EventArgs e)
            {
                if （this.txtAddress.Text.Length == 0）
                {
                    this.txtAddress.Focus（）;
                    MessageBox.Show（"请输入查询的地址"）;
                }
                string search = string.Format（"{0},{1}", this.txtCity.Text, this.txtAddress.Text）;
                GeoCoderStatusCode code = this.gMapControl1.SetCurrentPositionByKeywords（search）;
                if （code != GeoCoderStatusCode.G_GEO_SUCCESS）
                {
                    MessageBox.Show（"地址没有找到：'" + this.txtAddress.Text + "', 原因： " +
code.ToString（）, "GMap.NET", MessageBoxButtons.OK, MessageBoxIcon.Exclamation）;
                }
                this.objects.Markers.Clear（）;
                AddLocation（this.txtAddress.Text）;
            }
```

```csharp
        private void AddLocation（string place）
        {
    GeoCoderStatusCode unknow = GeoCoderStatusCode.Unknow PointLatLng? latLngFromGeocoder = Singleton<GMaps>.Instance.GetLatLngFromGeocoder（place, out unknow）;
            if （latLngFromGeocoder.HasValue && （unknow == GeoCoderStatusCode.G_GEO_SUCCESS））
            {
                GMapMarker item = new GMapMarkerGoogleGreen（latLngFromGeocoder.Value）;
                GMapMarkerRect rect = new GMapMarkerRect（latLngFromGeocoder.Value）;
                rect.Size = new System.Drawing.Size（100, 100）;
                rect.ToolTipText = place;
                rect.TooltipMode = MarkerTooltipMode.Always;
                this.objects.Markers.Add（item）;
                this.objects.Markers.Add（rect）;
            }
        }
```

16.3.4 绘制两地之间的线路图命令

```csharp
        private void ctxMenu_GetRout_Click（object sender, EventArgs e）
        {
            this.objects.Markers.Clear（）;
            this.routes.Routes.Clear（）;//清楚路线
            this.start = defaultLocation;
            this.end = this.gMapControl1.FromLocalToLatLng（this.contextMenuStrip1.Bounds.X, this.contextMenuStrip1.Bounds.Y）;
            MapRoute route = Singleton<GMaps>.Instance.GetRouteBetweenPoints（this.start, this.end, false, （int）this.gMapControl1.Zoom）;
            if （route != null）
            {
                GMapRoute item = new GMapRoute（route.Points, route.Name）;
                item.Color = Color.Blue;
                this.routes.Routes.Add（item）;
                GMapMarker marker = new GMapMarkerGoogleRed（this.start）;
                //marker.ToolTipText = "Start: " + route.Name;
                marker.TooltipMode = MarkerTooltipMode.Always;
                //Placemark place = this.gMapControl1.Manager.GetPlacemarkFromGeocoder（this.end）;//地标不准确，不用
                MapRoute mapRoute = this.gMapControl1.Manager.GetRouteBetweenPoints（this.start, this.end, true, （int）this.gMapControl1.Zoom）;
                GMapMarker marker2 = new GMapMarkerGoogleGreen（this.end）;
                marker2.ToolTipText = string.Format（"目的地距离:{0}公里 ", Math.Round（mapRoute.Distance, 2））;
                marker2.TooltipMode = MarkerTooltipMode.Always;
                this.objects.Markers.Add（marker）;
                this.objects.Markers.Add（marker2）;
                this.gMapControl1.ZoomAndCenterRoute（item）;
            }
```

参 考 文 献

[1] 张飞舟，杨东凯，陈智. 物联网技术导论[M]. 北京：电子工业出版社，2010.
[2] 周洪波. 物联网：技术、应用、标准和商业模式[M]. 北京：电子工业出版社，2010.
[3] 暴建民. 物联网技术与应用导论[M]. 北京：人民邮电出版社，2011.
[4] 谢双雄，等. 传感器技术[M]. 北京：中国计量出版社，2005.
[5] 李文仲，段朝玉，等. ZigBee 无线网络技术入门与实战[M]. 北京：北京航空航天大学出版社，2007.
[6] 郭渊博，等. ZigBee 技术与应用 CC2430 设计、开发与实践[M]. 北京：国防工业出版社，2010.
[7] 韦娟. 地理信息系统及 3S 空间信息技术[M]. 西安：西安电子科技大学出版社，2010.
[8] 兰少华. TCP/IP 网络与协议[M]. 北京：清华大学出版社，2006.
[9] 高洛峰. 细说 PHP[M]. 北京：电子工业出版社，2012.
[10] 刘甫迎，刘光会，王蓉. C#程序设计教程[M]. 2 版. 北京：电子工业出版社，2008.
[11] 王昊亮，李刚，等. Visual C#程序设计教程[M]. 北京：清华大学出版社，2003.
[12] 佟伟光. Visual Basic.NET 实用教程[M]. 北京：电子工业出版社，2003.
[13] 张云勇，等. 中间件技术原理与应用[M]. 北京：清华大学出版社，2004.
[14] 施燕妹，陈培，陈发吉. C#语言程序设计教程[M]. 北京：中国水利水电出版社，2004.
[15] 明月创作室. Visual C#编程精彩百例[M]. 北京：人民邮电出版社，2001.